程序员典藏

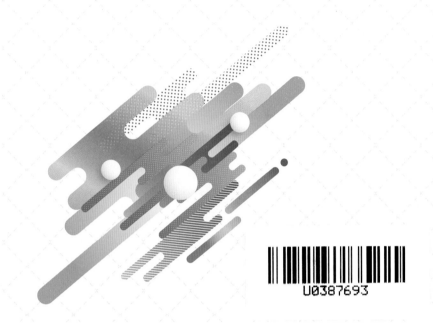

U0387693

Python数据可视化
从入门到项目实践（超值版）

宋翔◎编著

清华大学出版社
北京

内容简介

本书详细介绍 Python 数据可视化编程涉及的几个常用库的使用方法，并列举了大量的数据可视化编程示例。全书共 8 章，内容主要包括在 Python 中安装和导入软件包、编写代码和打印数据、函数式编程和面向对象编程、使用 Python 内置对象以及 NumPy 和 Pandas 中的核心对象为图表构建数据的方法、Matplotlib 图表的整体组成、创建图表的基本流程和两种编程方式、设置 Matplotlib 默认选项、使用 Matplotlib 库创建图形和坐标系、设置图形外观、设置坐标轴、为数据点添加注释、添加图表标题和图例、添加网格线和参考线，以及将图表保存为图片文件、使用 Matplotlib/Seaborn/Pyecharts 三个库创建不同类型的图表，以及使用它们进行数据可视化项目实战等内容。另外，本书附赠示例源代码、重点内容的多媒体视频教程和教学课件。

本书结构系统，内容细致，概念清晰，注重技术细节的讲解，使读者可以在短时间内学会 Python 数据可视化编程。本书适合所有希望学习和从事 Python 数据可视化编程或对其感兴趣的用户，还可作为各类院校和培训班的 Python 数据可视化编程的教材。

图书在版编目（CIP）数据

Python数据可视化从入门到项目实践 : 超值版 / 宋翔编著. -- 北京 : 清华大学出版社, 2025. 4. --（程序员典藏）. -- ISBN 978-7-302-68178-6

Ⅰ. TP312.8

中国国家版本馆CIP数据核字第2025Z2T748号

责任编辑：张　　敏
封面设计：郭二鹏
责任校对：胡伟民
责任印制：沈　　露

出版发行：清华大学出版社
    网　　　　址：https://www.tup.com.cn，https://www.wqxuetang.com
    地　　　　址：北京清华大学学研大厦A座　　　邮　　编：100084
    社　总　机：010-83470000　　　　　　　　邮　　购：010-62786544
    投稿与读者服务：010-62776969，c-service@tup.tsinghua.edu.cn
    质　量　反　馈：010-62772015，zhiliang@tup.tsinghua.edu.cn
    课　件　下　载：https://www.tup.com.cn，010-83470236
印 装 者：涿州汇美亿浓印刷有限公司
经　　销：全国新华书店
开　　本：185mm×260mm　　印　　张：14.25　　字　　数：356千字
版　　次：2025年4月第1版　　印　　次：2025年4月第1次印刷
定　　价：99.00元

产品编号：092809-01

编写本书的目的是帮助读者快速掌握 Python 数据可视化编程的相关知识和技术，本书以 Matplotlib、Seaborn 和 Pyecharts 三个库为主进行讲解。为了降低学习难度，并在短时间内学会 Python 数据可视化编程，对本书的整体结构和内容做了精心规划。全书共 8 章，各章内容的简要介绍如下表所示。

章　名	简　介
第 1 章 Python 基础知识	介绍在 Python 中安装和导入软件包、编写代码和打印数据、函数式编程和面向对象编程等内容
第 2 章 快速构建图表所需的数据	介绍使用 Python 内置对象以及 NumPy 和 Pandas 中的核心对象为图表构建数据的方法，包括创建新数据和读取文件中的数据两种方式等内容
第 3 章 快速了解 Matplotlib	介绍 Matplotlib 图表的整体组成、创建图表的基本流程和两种编程方式、设置 Matplotlib 默认选项等内容
第 4 章 使用 Matplotlib 创建图表的通用操作	介绍使用 Matplotlib 库创建图表的一系列通用操作，包括创建图形和坐标系、设置图形外观、设置坐标轴、为数据点添加注释、添加图表标题和图例、添加网格线和参考线，以及将图表保存为图片文件等内容
第 5 章 使用 Matplotlib 创建不同类型的图表	介绍使用 Matplotlib 库创建不同类型图表的方法
第 6 章 使用 Seaborn 创建不同类型的图表	介绍使用 Seaborn 库创建不同类型图表的方法
第 7 章 使用 Pyecharts 创建不同类型的图表	介绍使用 Pyecharts 库创建不同类型图表的方法
第 8 章 数据可视化项目实战	介绍使用 Matplotlib、Seaborn 和 Pyecharts 进行数据可视化项目实战

与其他同类图书相比，本书具有以下几个显著特点：

1. 结构紧密，概念清晰

与很多其他同类图书将大量篇幅浪费在介绍 Python 基础语法上不同，本书只介绍与数据可视化紧密相关的 Python 编程知识，本书的重点在于介绍如何使用 Python 内置对象，以及使用 NumPy 和 Pandas 内置对象来构建图表所需的数据，而不是罗列一大堆与数据可视化无关的 Python 知识和编程技术。在每个知识点的讲解上，本书力求做到概念清晰，不含糊其词。

2. 详细讲解技术细节

本书每章内容从多个角度详细讲解和剖析技术细节，绝非很多同类书中流水账式的介绍。尤其在讲解 Matplotlib 可视化库时，同时介绍使用 pyplot 模块中的函数和面向对象两种方式创建图表的方法。

3. 通用操作和特定操作相辅相成

Seaborn 库是以 Matplotlib 库为基础开发出来的，所以本书在讲解 Matplotlib 库时投入了相对较多的篇幅，只要理解和掌握了 Matplotlib 库的用法，对 Seaborn 库的学习将起到事半功倍的效果，读者可以举一反三。本书最后介绍 Pyecharts 库，它与前两种库的编程方式有很大不同，其功能和优势能够与前两种库起到很好的互补作用。

本书在介绍 Matplotlib、Seaborn 和 Pyecharts 三个库的用法时，使用的都是"通用操作＋特定操作"模式进行讲解，从而帮助读者快速掌握大量共性操作，缩短学习时间，提高学习效率，还能避免出现冗余的内容而浪费篇幅。

4. 提示和注意

"提示"和"注意"在全书随处可见，可以及时解决读者在学习过程中遇到的问题，或对当前内容进行适当的延伸。

本书适合具有以下需求的人士阅读：

- 从事数据分析和数据可视化工作。
- 想要在短时间内学会 Python 数据可视化编程。
- 想要系统地学习 Matplotlib、Seaborn 和 Pyecharts 三个可视化库的用法。
- 对 Python 数据可视化编程感兴趣。
- 在校学生和社会求职者。

本书附赠以下资源：

- 示例源代码。
- 重点内容的多媒体视频教程。
- 教学课件。

读者可以扫描本书的二维码下载本书的配套资源。

示例源代码   视频教程   教学课件

目录

第 1 章 ◀◀

Python基础知识

为了使本书自成一体，形成一个完整的学习环境，所以本章为没有 Python 基础的读者介绍学习本书后续内容所需掌握的 Python 基础知识和技术。为了使本章内容更有针对性，且避免内容冗余，本章只介绍与本书后续内容相关的 Python 编程知识，已具备 Python 编程经验的读者可以直接从第 2 章开始阅读。

1.1 在 Python 中安装 pip 程序

pip 是一个用于在 Python 中安装第三方软件包及其依赖项的管理程序，所有在 Python 中使用的第三方软件包，都需要在系统命令行窗口（例如 Windows 中的命令提示符）中使用 pip 程序进行安装。

在操作系统中安装 Python 解释器时，有个用于控制是否安装 pip 程序的选项，保持默认设置会自动安装 pip 程序。如果在安装 Python 解释器时没有安装 pip 程序，则可以在系统命令行窗口中输入以下命令来安装该程序，该命令中的 ensurepip 是 Python 标准库中的一个模块，专门用于单独安装 pip 程序。

```
python -m ensurepip
```

提示：Python 中的 "包" 是一个包含一个或多个模块的代码集合，使用这些模块可以实现一个复杂功能涉及的各部分子功能。模块是扩展名为 .py 的文件，模块中的代码可以被导入到任何 Python 程序中，便于代码的重复使用。可能在很多场合看到过 "库" 这个术语，库的功能与 Python 中的包类似，也是一个包含代码的集合，便于程序员重复使用这些代码，提高开发效率。库的一个示例是 Python 自带的标准库，其中包含大量的模块，用于实现各种功能。可以简单地将 Python 中的 "包" 等同于 "库"，本书将混合使用这两个术语。

1.2 在 Python 中安装和导入软件包

在 Python 中可以将软件包安装到两种环境下：一种是全局环境，这是指在操作系统中安装的 Python 解释器的目录中安装软件包；另一种是虚拟环境，这是指将软件包安装到预先创建的 Python 虚拟环境中，这种环境与在操作系统中安装的 Python 解释器是隔离开的。

无论在哪种环境中安装软件包，都需要使用 pip 程序从 PyPI（Python Package Index）网站自动下载和安装软件包。PyPI 是一个开源的 Python 资源库，来自全世界的 Python 程序员将他们创建的软件包发布到 PyPI 网站，供所有 Python 程序员免费使用。安装好软件包后，需要将其导入到 Python 中，然后才能使用软件包中的功能。

1.2.1　在全局环境中安装软件包

无论在全局环境中安装哪种软件包，都需要在系统命令行窗口输入以下命令（命令中的英文字母不区分大小写）。

```
pip install 软件包的名称
```

下面的命令用于安装 Matplotlib 软件包（也可称为 Matplotlib 库），在命令行中输入该软件包的名称时，所有英文字母必须小写。

```
pip install matplotlib
```

如果在操作系统中安装了多个 Python 版本，则当前运行的 pip 程序可能会将软件包安装到一个与该 pip 程序不匹配的 Python 版本中，这意味着没有将软件包安装到所希望的目标 Python 版本，导致在目标 Python 版本中无法使用该软件包。

避免上述问题的方法是在系统命令行窗口中使用以下命令安装软件包，通过 -m 参数调用与当前 Python 解释器关联的 pip 模块，确保使用与当前 Python 解释器关联的 pip 程序安装软件包。

```
python -m pip install 软件包的名称
```

如果只想为操作系统中的当前用户而非所有用户安装软件包，则可以在命令中添加 --user 参数。

```
python -m pip install --user
```

PyPI 网站中软件包的版本会不定期更新，如需将当前已安装的软件包更新到最新版本，可以在命令中添加 --upgrade 参数。

```
python -m pip install --upgrade 软件包的名称
```

1.2.2　一次性安装多个软件包

如需安装多个软件包，可以使用前面介绍的方法，逐个安装每一个软件包，即执行多次 pip 命令进行安装。另一种方法是将要安装的所有软件包的名称保存到 requirements.txt 文件中，每行一个名称，所有名称纵向排列。然后在系统命令行窗口中输入以下命令，将自动安装 requirements.txt 文件中列出的所有软件包。如果 requirements.txt 文件不在当前工作目录中，则需要为其指定完整路径。

```
python -m pip install -r requirements.txt
```

提示：如果想让软件包的安装变得更简单，可以从 Anaconda 官方网站下载 Anaconda 安装程序，然后在操作系统中安装 Anaconda。Anaconda 内置了大量的在 Python 中使用的数据处理和分析、数据可视化和科学计算等方面的软件包，只要安装好 Anaconda，就无须额外安装这些软件包了。

1.2.3　创建和删除虚拟环境

如果经常使用大量不同类型的软件包，由于某些软件包之间不兼容，可能会出现 Python 解释器无法正常工作或其他一些无法预料的问题。只有从操作系统中卸载 Python 解释器，然后再重新将其安装到操作系统中，并进行诸如系统环境变量等的一系列配置，才能使 Python 解释器正常工作。

为了避免上述问题，可以将不同类型和用途的软件包分别安装到相互隔离的多个虚拟环境中。当某个软件包导致问题时，只需删除该软件包所在的虚拟环境即可，而不会影响其他虚拟环境，以及安装在操作系统中的 Python 解释器。

Python 标准库中的 venv 模块用于创建虚拟环境，在系统命令行窗口中输入以下命令，将在指定的路径中创建一个虚拟环境，该命令中的英文字母大小写均可。本例创建的虚拟环境的名称为 PyDataViz，路径中的文件夹不存在时会自动创建它们。

```
python -m venv E:\ 测试数据 \Python\PyDataViz
```

虚拟环境在计算机中以文件夹的形式存在，路径中最后一个部分的名称就是用作虚拟环境的文件夹的名称，该名称也是虚拟环境的名称，如图 1-1 所示。

图 1-1　虚拟环境在计算机中的文件夹

如需删除虚拟环境，可以在文件资源管理器中删除虚拟环境所在的文件夹。

提示：还有很多用于创建虚拟环境的第三方工具，有兴趣的读者可以在 Internet 中搜索。

1.2.4　激活和退出虚拟环境

如需将软件包安装到 Python 虚拟环境中，需要先激活指定的虚拟环境。在系统命令行窗口中输入以下命令，将激活前面创建的名为 PyDataViz 的虚拟环境。activate.bat

命令位于虚拟环境所在的文件夹的 Scripts 子文件夹中。输入该命令时可以省略 .bat 扩展名。

```
E:\测试数据\Python\PyDataViz\Scripts\activate.bat
```

激活虚拟环境后，将在提示符的开头显示虚拟环境的名称，如图 1-2 所示，以后输入的代码都将运行在该虚拟环境中。

图 1-2　激活后的虚拟环境

如果只想输入 activate.bat 命令，而省略该命令前面的路径部分，则可以将该命令的路径添加到操作系统的 PATH 环境变量中。或者在系统命令行窗口中将提示符切换到 Scripts 文件夹，然后在提示符右侧输入 activate.bat 命令。

如需退出虚拟环境，可以在激活虚拟环境后，在系统命令行窗口中输入以下命令：

```
deactivate
```

1.2.5　在虚拟环境中安装软件包

激活虚拟环境后，在其中安装软件包的方法与在全局环境中安装完全相同，只需输入以下命令，即可将软件包安装到当前虚拟环境中。

```
python -m install 软件包的名称
```

提示：使用 requirements.txt 文件安装多个软件包的方法也适用于虚拟环境。

1.2.6　在虚拟环境中使用 IDLE

如需在虚拟环境中使用 IDLE，可以在系统命令行窗口中输入以下命令。打开 IDLE 窗口后，在其中输入的 Python 代码都运行在虚拟环境中。

```
python -m idlelib.idle
```

1.2.7　导入整个软件包

启动 Python 解释器，然后使用 Python 中的 import 语句，将指定的软件包导入到

Python 中。下面的代码在 Python 中导入 Matplotlib 软件包。

```
import matplotlib
```

导入后，可以在代码中使用 matplotlib 引用该软件包中的模块、类和函数，以便使用它们进行编程。

如果软件包的名称较长，为了简化输入，可以在导入软件包时为其设置别名，以后可以使用别名代替其原名。下面的代码导入 Matplotlib 软件包，并将其别名设置为 mpl，以后在代码中使用 mpl 代替 matplotlib。

```
import matplotlib as mpl
```

可以一次性导入多个软件包，各个软件包之间以逗号分隔。下面的代码导入 NumPy 和 Pandas 两个软件包。

```
import numpy, pandas
```

1.2.8　导入软件包中的特定模块

如果只使用软件包中的某个模块所提供的功能，则可以在 Python 中只导入该模块，从而避免代码变得混乱。下面的代码是在 Python 中导入 Matplotlib 软件包的 pyplot 模块，使用英文句点连接软件包的名称及其中的模块名称。

```
import matplotlib.pyplot
```

同样，可以为导入的模块设置别名。

```
import matplotlib.pyplot as plt
```

1.3　在交互模式和脚本模式中编写代码

可以在交互模式或脚本模式中编写 Python 代码。

1. 交互模式

使用系统命令行窗口或 Python 自带的 IDLE，可以在交互模式中编写 Python 代码。在交互模式中每输入一行代码并按 Enter 键，会自动运行代码并显示运行结果，如图 1-3 所示。

如果输入的是复合语句（显示在多行但被认为是同一组语句），则需要在一次性输入完所有这些语句后再执行它们。输入多行语句时，首行语句的开头显示主提示符（>>>），其他行语句的开头显示次要提示符（…），如图 1-4 所示。

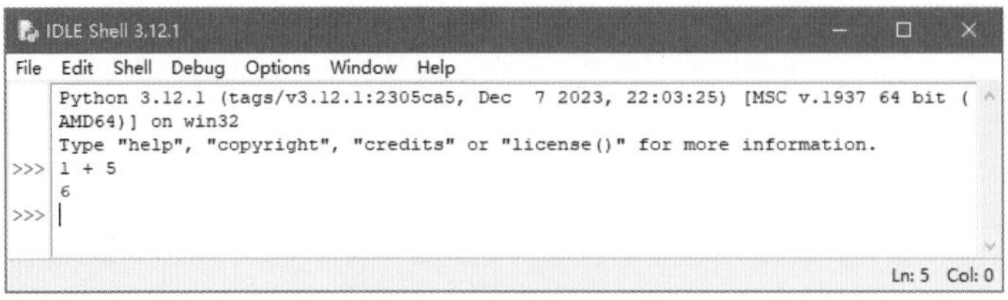

图 1-3　交互模式

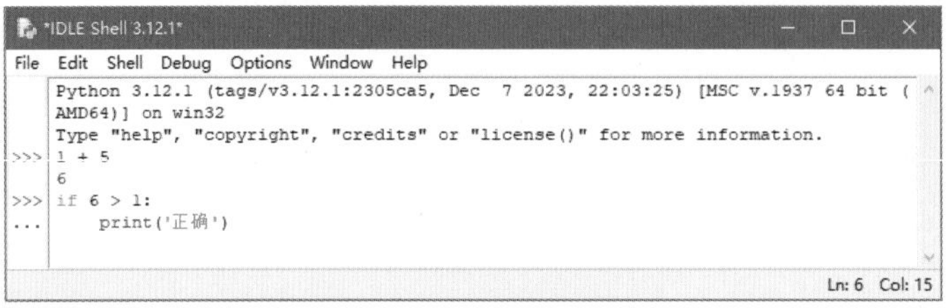

图 1-4　复合语句

2. 脚本模式

使用 Windows 记事本、IDLE 的文本编辑窗口或其他文本编辑工具，可以在脚本模式中编写 Python 代码，如图 1-5 所示。在脚本模式中可以编写任意行代码，编写过程中可以随时修改已编写好的代码，然后自顶向下运行每一行代码。与在交互模式中自动运行代码不同，在脚本模式中需要手动运行代码，例如，在 IDLE 的文本编辑窗口中可以按 F5 键运行代码。

图 1-5　脚本模式

在脚本模式中编写的代码可以保存在扩展名为 .py 的文件中，以后可以继续编写或修改文件中的代码，还可以将 .py 文件以模块的形式导入到其他项目中。

1.4　在屏幕上打印数据

使用 Python 内置的 print 函数，可以将程序的运行结果或指定的数据打印到屏幕上。在脚本模式中编写代码时必须使用 print 函数，才能让数据显示在屏幕中，而在交互模式中即使不使用 print 函数，程序的运行结果也会自动显示出来。本节将介绍 pirnt 函数的常见用法，以及如何对字符转义和抑制转义，还将介绍在程序中使用变量引用数据的方法。如无特别说明，本节中的示例代码都是在脚本模式中编写的。

1.4.1　打印数据的基本方法

将要打印的数据作为参数传递给 print 函数，即可使用 print 函数将该数据打印到屏幕上。下面的代码将"你好"两个字打印到屏幕上，即在屏幕上显示"你好"。代码中的"你好"是一个字符串，Python 代码中的任何字符串都必须放在一对单引号或双引号中。

```
print(' 你好 ')
```

可以一次性打印多个数据，将这些数据传递给 print 函数时，各个数据之间使用逗号分隔，表示向 print 函数传递多个参数。下面的代码在屏幕上打印 3 个数字，各个数字之间默认以空格分隔。

```
print(1, 3, 5)
```

代码的运行结果如下：

```
1 3 5
```

1.4.2　自定义数据之间的分隔符

打印多个数据时，可能想要以指定的符号分隔数据，此时可以为 print 函数指定 sep 参数，将该参数的值设置为所需的分隔符。下面的代码使用"-"符号分隔 3 个数字，sep 参数必须放在传递给 print 函数的所有数字之后。

```
print(1, 3, 5, sep='-')
```

代码的运行结果如下：

```
1-3-5
```

1.4.3　自定义数据末尾的终止符

下面的代码使用两个 print 函数将两组数字分别打印到两行中。

```
print(1, 3, 5, sep='-')
print(7, 9, 11, sep='-')
```

代码的运行结果如下：

```
1-3-5
7-9-11
```

第二个 print 函数打印的数字会自动显示到第二行，这是因为 print 函数有一个 end 参数，该参数用于指定打印的最后一个数据之后的字符。如果不指定该参数的值，则其值默认为换行符，所以上面示例中的第二个 print 函数打印的数据会被转到第二行。

如果显式指定 end 参数的值，则会在打印的最后一个数据之后添加特定的字符。下面的代码使用 "-" 符号将两个 print 函数打印的数字首尾相连。

```
print(1, 3, 5, sep='-', end='-')
print(7, 9, 11, sep='-')
```

代码的运行结果如下：

```
1-3-5-7-9-11
```

1.4.4 转义字符和抑制转义

在 Python 中，当一个反斜线和某个特定字母组合在一起时会产生特殊的含义。例如，"\n" 表示换行符，"\t" 表示制表符。这种现象经常出现在文件路径中，由于路径中的各个部分都以反斜线分隔，所以当路径中的某些部分以英文字母开头时，就有可能对首字母转义。

输入下面的代码不会得到正确的路径，因为第二个反斜线会将右侧的字母 n 转义，将其转换为换行符。

```
print('E:\测试数据\newPython')
```

运行上面的代码将显示以下结果，整个路径被分成上下两行，而且会丢失路径中的字母 n。

```
E:\测试数据
ewPython
```

让路径恢复正常显示的一种方法是，在整个路径的开头添加字母 R 或 r，这样可以阻止反斜线转义特定的字母，使路径中的每个字符保持原有含义。

```
print(r'E:\测试数据\newPython')
```

当反斜线位于路径的末尾时，即使添加字母 R 或 r，也无法得到正确的路径。此时可以将路径中的每个反斜线替换为两个反斜线，形式如下：

```
print('E:\\测试数据\\newPython\\')
```

1.4.5 使用变量引用数据

变量是一个由用户指定的名称，使用这个名称可以存储任何数据，可以是输入的字面值，也可以是由数字、字符串、其他 Python 内置对象和运算符组成的表达式。下面的代码将数字 100 存储到名为 number 的变量中，然后在屏幕中打印该变量的值，将显示 100。

```
number = 100
print(number)
```

与很多编程语言不同，在 Python 中为一个变量赋值之前不需要先声明该变量。但是在后续代码中处理一个变量之前，必须先为该变量赋值，否则会导致程序出错。将值保存到变量中的操作称为"为变量赋值"，使用等号连接变量和值，变量在等号的左侧，值在等号的右侧。

提示：实际上，在 Python 中为变量赋值时，值本身并未真正保存到变量中，变量只是指向值在内存地址中的引用。

变量的名称应该能够反映出变量的含义或用途，这样可以增加代码的可读性。在 Python 中为变量命名时需要注意以下几点：

- 不能以数字开头。
- 只能使用大写或小写的英文字母、数字和下画线。
- 英文字母区分大小写。
- 类的首字母大写，函数和变量的首字母小写。这条规则只是大多数 Python 程序员约定俗成的，而非强制要求。

提示：编写 Python 代码时可能会遇到开头和结尾都带有下画线的变量，它们是 Python 内部定义的变量。

1.5　函数式编程

Python 是一种高度灵活的编程语言，无须声明即可直接使用变量就是其灵活性的体现，更大的灵活性体现在 Python 同时支持函数式编程和面向对象编程。本书后续内容介绍数据可视化编程时会使用这两种编程方式，所以本节和 1.6 节将分别介绍函数式编程和面向对象编程的基本方法。

1.5.1　使用 Python 内置函数

Python 内置了很多函数，可以完成一些常见任务。运行以下代码将显示一个列表，其中以小写字母开头的是 Python 内置函数。代码中的 builtins 是一个 Python 内置模块。

```
import builtins
print(dir(builtins))
```

在上面的第二行代码中使用了两个 Python 内置函数 --print 和 dir。print 函数在前面介绍过，用于将指定的数据打印到屏幕上。dir 函数用于显示指定对象的所有属性。

在代码中使用一个函数称为调用函数。调用一个函数时，需要输入该函数的名称，然后在其右侧的一对小括号中输入函数的参数。参数是函数要处理的数据，上面示例中的 builtins 就是 dir 函数的参数。

调用一个函数通常会返回一个值，值的类型可以是数字、字符串或其他 Python 对象。例如，dir 函数返回一个 list（列表）对象，这个列表包含 buintins 模块的所有属性。

1.5.2　按照位置或关键字传递参数

调用函数时可以按照位置或关键字向函数传递参数。此处以 Python 内置的 pow 函数为例，介绍传递参数的两种方式。pow 函数用于计算指定数字的 n 次幂，语法格式如下：

```
pow(base, exp, mod=None)
```

pow 函数有 3 个参数，第一个参数 base 表示要计算幂的底数，第二个参数 exp 表示要计算幂的指数。这两个参数都是必选的，在调用 pow 函数时必须指定它们的值。第三个参数 mod 是可选的，在调用 pow 函数时可以不指定该参数的值以忽略它。如果指定第三个参数的值，则将由前两个参数计算出的幂对该值求余。

调用该函数时，需要按照 pow 函数的语法格式中的参数顺序指定各个参数的值。下面的代码计算 3 的 2 次幂，并将计算结果打印到屏幕上。此处将 3 传递给 base 参数，将 2 传递给 exp 参数。这种方式是按照参数的位置来指定参数的值。

```
print(pow(3, 2))
```

交换两个数字的位置将计算 2 的 3 次幂。如果希望在交换两个数字的位置后，仍然计算 3 的 2 次幂，则需要按照关键字来传递参数，此时需要使用 pow 函数的语法格式中的参数名称和等号的形式来指定参数的值。在这种情况下指定参数的顺序不重要，因为已经明确给出了参数的名称，Python 会根据名称将指定的值传递给对应的参数。

```
print(pow(exp=2, base=3))
```

需要注意的是，下面的代码将导致如图 1-6 所示的错误，这是因为按照关键字指定的参数不能出现在按照位置指定的参数之前。

```
print(pow(exp=2, 3))
```

图 1-6　错误信息

pow 函数中的 mod 参数是可选的，前面的示例省略了该参数。下面的代码将该参数的值设置为 6，此时将计算 3 的 2 次幂对 6 求余后的结果，即 9 除以 6 的余数，最终结果是 3。

```
print(pow(3, 2, 6))
```

提示：为了使示例代码更简洁，减少不必要的重复，后续示例中不再添加 print 函数。但要注意的是，如果在脚本模式中运行这些示例代码，为了让代码的运行结果显示在屏幕上，必须在代码中添加 print 函数。后续示例省略 print 函数，是为了使示例中的核心代码更突出。

1.5.3　创建新的函数

在 Python 中使用 def 语句创建新的函数。创建函数时以 def 语句开头，在 def 关键字的右侧输入函数的名称，在函数名称的右侧是一对小括号，在其中输入一个或多个参数的名称，各个参数之间使用逗号分隔，def 语句以冒号结尾。创建函数时定义的参数称为形参，调用函数时为形参传递的实际数据称为实参。

def 语句是一个包含多行代码的复合语句，上面介绍的只是该语句的首行代码，用于定义函数的名称和参数。该语句的其他行代码用于定义函数的功能，这些代码行都要向右缩进指定的距离。"缩进"是 Python 中重要的语法格式，不同的缩进距离表示不同的代码层级，这也是嵌套代码的格式标准。

如果希望函数返回一个值，则使用 return 语句设置该值。省略 return 语句时函数没有返回值。下面的代码是创建一个名为 sumx 的函数，用于计算两个数字之和，并返回计算结果。

```
def sumx(x, y):
    return x + y
```

下面的代码调用 sumx 函数，并向其传递两个数字，计算结果是这两个数字的总和为 8。

```
sumx(3, 5)
```

可以使用一对三重引号为函数添加说明信息，用于介绍函数的功能和参数的数据类型等。下面的代码为前面创建的 sumx 函数添加说明信息。

```
def sumx(x, y):
    ''' 计算两个数字之和，两个参数必须是数字，否则将导致错误 '''
    return x + y
```

编写代码时可以使用 __doc__ 属性访问函数的说明信息。下面的代码将在屏幕上打印为 sumx 函数添加的说明信息。

```
sumx.__doc__
```

1.6　面向对象编程

面向对象编程是以操作对象及其属性和方法为主的编程方式。使用面向对象的方式编写代码，可以让程序的组织结构更紧凑，代码的含义更清晰，代码的重用率更高。

1.6.1　使用 Python 内置对象

Python 中的任何东西都是对象。数字是对象，字符串也是对象，列表、元组和字典都是对象，甚至函数、模块和文件也都是对象，对象在 Python 中无处不在。Python 内置的常用对象类型如表 1-1 所示，其中的标识符是在编写代码时可以使用的表示对象类型的名称。

表 1-1　Python 内置的常用对象类型

对象类型的标识符	对象类型
int	整数
Float	浮点数
complex	复数
str	字符串
list	列表
tuple	元组
dict	字典
set	集合

在代码中输入字面值或为变量赋值的操作都会创建对象。下面的代码是创建一个整数类型的对象，它是一个字面值，即直接输入数据本身。

```
666
```

下面的代码是创建一个字符串类型的对象，将该字符串赋值给一个变量，使用该变量引用这个字符串对象。

```
name = 'sx'
```

使用 Python 内置的 type 函数可以检测数据的对象类型。下面的代码显示上面创建的 name 变量所引用的数据的对象类型：

```
type(name)
```

代码的运行结果如下，表示字符串类型。

```
<class 'str'>
```

1.6.2　使用属性获取对象的状态信息

很多对象都有与其关联的属性，使用属性可以获取对象的状态信息，正如前面为创建的函数添加说明信息时使用的 __doc__ 属性，它是函数对象的一个属性。在代码中使用对象的属性时，需要先输入对象的名称，然后输入一个英文句点，再输入属性的名称。

```
sumx.__doc__
```

提示：如果输入的对象名称正确，则在输入一个英文句点后，默认会显示一个包含属性和方法的列表，可以从中选择所需的属性，自动将其添加到当前代码中。

1.6.3　使用方法让对象执行操作

与属性类似，很多对象都有一些方法，用于执行特定的操作。例如，字符串对象的 upper 方法可以将一个字符串中的所有英文字母转换为大写。下面的代码将一个字符串赋值给一个变量，此时该变量引用的是一个字符串对象，然后在该变量上使用字符串对象的 upper 方法，将字符串中的所有英文小写字母转换为大写。

```
name = 'python'
name.upper()
```

方法也可以像函数一样包含参数。列表对象有一个 append 方法，用于在列表末尾添加一个元素，要添加的元素作为参数传递给 append 方法。下面的代码先创建一个空列表，然后在该列表中添加一个数字。

```
numbers = []
numbers.append(666)
```

方法和函数看起来非常相似，都能执行指定的操作，然而，它们的使用范围和语法格式有所不同。方法只属于特定类型的对象，所以只能在某种特定类型的对象上使用。而函数可以在多种类型的对象上使用，所以函数的通用性更强。

使用方法和函数的语法格式也有一些区别。使用方法时，需要先输入对象的名称，然后输入一个英文句点，再输入方法的名称。使用函数时，只需输入函数的名称即可。为方法和函数传递参数的方法相同。

1.6.4　创建新的对象

除了 Python 内置对象之外，用户可以创建新的对象。创建对象前需要先创建对象所属的类。可以将"类"看作是某类对象的模板，只有先定义一个类，才能基于该类创建任意数量的同类对象。将由类创建的对象称为该类的实例。

在 Python 中使用 class 语句创建新的类。创建类时以 class 语句开头，在 class 关键字的右侧输入类的名称，类的首字母通常使用大写，class 语句以冒号结尾。与创建函数使用的 def 语句类似，class 语句也是一个复合语句，除了定义类名称的首行代码之外，class 语句的其他行代码用于定义类的功能，这些代码都要向右缩进指定的距离。

在定义类功能的代码中可以包含任意数量的变量和函数，其中的变量是类的属性，函数是类的方法。下面的代码是创建一个名为 Person 的类，并为该类创建了一个属性和一个方法，属性是 name 变量，方法是 eat 函数。

```
class Person:
    name = '宋翔'
    def eat(self, food):
        print(self.name + '吃了一个 ' + food)
```

注意：创建类的方法时，每个方法对应的函数必须在 class 语句内部向右侧缩进，每个函数的第一行不能与 class 语句垂直对齐。在为类创建的每个方法中的第一个参数表示方法所属的对象，这个对象就是运行代码时由当前类创建的对象。在 Python 中通常使用 self 作为每个方法的第一个参数，self 并没有什么特别的含义，只不过是 Python 中的一种约定俗成。

运行上述代码后，可以使用 Person 类创建实际的对象，代码的格式与调用不带参数的函数类似。

```
p = Person()
```

创建一个对象后，可以使用以下代码获取 name 属性的值。

```
p.name
'宋翔'
```

使用对象的 eat 方法，可以在屏幕上打印对象吃的是什么食物，这个食物作为参数传递给 eat 方法。

```
p.eat('苹果')
宋翔吃了一个苹果
```

上面使用的是定义类时为 name 属性设置的默认值。也可以在创建对象后，修改 name 属性的值，以便显示指定的姓名。下面是将上面几行代码组合到一起后的代码，此处将 name 属性设置为"黄帝"。

```
p = Person()
p.name = '黄帝'
p.eat('苹果')
```

代码的运行结果如下：

```
黄帝吃了一个苹果
```

如果希望在使用类创建一个对象时，能够为对象的各个属性设置初始值，则可以在类

中定义一个名为 __init__ 的方法，其中包含想要初始化的属性。使用类创建对象时，会自动调用该类中的 __init__ 方法，并执行该方法中的代码，从而实现初始化属性值的功能。

```
def __init__(self, name, age):
        self.name = name
        self.age = age
```

下面的代码使用 Person 类创建一个对象，并在创建时以参数的方式指定 name 和 age 两个属性的初始值。

```
p = Person('黄帝', 9999)
```

使用下面两行代码可以检测 name 和 age 两个属性是否已被设置了初始值。

```
p.name
p.age
```

第 2 章

快速构建图表所需的数据

绘制图表时，NumPy 和 Pandas 两个库的主要用途是快速构建用于绘图的原始数据，Pandas 库还可以对数据进行清洗和格式化，使数据更符合图表的绘制要求。本章将介绍使用 Python 内置对象以及 NumPy 和 Pandas 中的核心对象为图表构建基础数据的方法，包括创建新的数据和从文件中读取数据两种方式。

2.1 使用 Python 中的列表对象构建数据

列表（List）对象是 Python 中最常用的对象之一，可以将一项或多项数据存储到列表中，并可以随时在列表中添加或删除数据。列表中的数据是有序排列的，每个数据都有一个索引，通过索引可以访问特定位置上的数据。

2.1.1 创建包含一项或多项数据的列表

创建一个列表时，使用一对中括号包围列表中的所有数据，各项数据之间以逗号分隔。下面的代码是创建一个包含 3 个元素的列表，这 3 个元素是一个字符串和两个数字。

```
['sx', 666, 888]
```

如果列表只包含一个元素，则只需将其放到一对中括号中。

```
['sx']
```

使用 Python 内置的 list 函数，可以将字符串或元组转换为列表。下面的代码是将字符串中的每一个字符转换为列表中的每一项数据。

```
list('python')
```

上述代码将创建以下列表：

```
['p', 'y', 't', 'h', 'o', 'n']
```

如需创建一个包含数字 1 ～ 9 的列表，可以使用以下代码，其中的 range 是一个 Python 内置函数，为 range 函数设置的参数 10 是将要创建的数字上限，但是不包括该数字。

```
list(range(1, 10))
```

上述代码将创建以下列表：

```
[1, 2, 3, 4, 5, 6, 7, 8, 9]
```

2.1.2　创建嵌套列表

列表中的数据可以是任何类型，如果列表中的数据也是列表，则内外列表将构成一个嵌套列表，外层列表称为父列表，内层列表称为子列表。下面的代码是创建一个嵌套列表，外层列表有两个元素，每个元素也是一个列表。内层的每个列表有 3 个元素，每个元素都是数字。

```
[[1, 2, 3], [4, 5, 6]]
```

使用 list 函数和 range 函数也可以创建上面的嵌套列表，代码如下：

```
[list(range(1, 4)), list(range(4, 7))]
```

2.1.3　创建符合特定条件的列表

如需使列表中的数据满足指定的条件，可以使用列表推导式创建列表。列表推导式是一个表达式，只需一行代码即可实现至少需要两三行代码才能实现相同功能的 for 语句，任何可以使用表达式的地方，都可以使用列表推导式，例如可以将列表推导式的结果赋值给变量。下面的代码是创建一个只包含数字 1 ～ 10 中偶数的列表。

```
[x for x in list(range(1, 11)) if x % 2 == 0]
```

上述代码将创建以下列表：

```
[2, 4, 6, 8, 10]
```

在上面的代码中，将列表推导式中的所有内容放入一对中括号中，表明将要创建一个列表。在中括号中，开头部分的 int(x) 表示将每一个数字转换为整数。从 for 开始直到结尾部分表示使用变量 x 逐一引用由 list 函数创建的列表中的每一个数字，并将能被 2 整除的数字添加到列表中。处理完列表中的最后一个数字后，列表推导式将结束运行，最终创建的就是 1 ～ 10 中的所有偶数。

2.2　使用 Python 中的元组对象构建数据

元组（Tuple）对象与列表对象有很多相似之处，可以将一项或多项数据存储到元组中，元组中的每项数据也是有序的，也需要通过索引访问元组中的数据。与列表不同的是，一旦将数据存储到一个元组中，就不能再修改该元组中的数据了。

2.2.1　创建包含一项或多项数据的元组

如果元组只包含一项数据，则可以将该数据输入到一对小括号中，并在该数据的右侧输入一个英文逗号，即可创建只包含一项数据的元组。在这种情况下，不能省略数据末尾的逗号，否则创建的不是元组。

```
(3,)
```

创建包含多项数据元组的方法与列表类似，唯一区别是使用小括号包围各项数据或使用 tuple 函数代替 list 函数。下面的代码是创建一个包含 3 个数字的元组。

```
(1, 2, 3)
```

下面的代码使用 tuple 函数和 range 函数创建相同的 3 个数字。

```
tuple(range(1, 4))
```

使用 tuple 函数可以将字符串或列表转换为元组。下面的代码将字符串中的每一个字符转换为元组中的每一项数据。

```
tuple('python')
('p', 'y', 't', 'h', 'o', 'n')
```

2.2.2　创建符合特定条件的元组

与使用列表推导式创建列表类似，也可以使用类似的方法创建元组。将列表推导式中一对中括号替换成小括号，创建的并非元组，而是一种称为"生成器"的对象。为了创建元组，需要将表达式作为参数传递给 tuple 函数。

```
tuple(x for x in list(range(1, 11)))
```

上述代码将创建以下元组：

```
(1, 2, 3, 4, 5, 6, 7, 8, 9, 10)
```

2.3　使用 Python 中的字典对象构建数据

与列表和元组不同，字典（Dict）对象中的每项数据由键和值两个部分组成。在字典中不会出现重复的键，所以可以通过唯一的键访问与该键关联的值。与列表类似，在字典中也可以随时添加和删除数据。

2.3.1　创建包含一项或多项数据的字典

创建包含一项或多项数据的字典有以下几种方法：
- 手动输入大括号和字典中的数据。
- 使用 dict 函数将关键字参数创建为字典。
- 使用 dict 函数将序列对象转换为字典。
- 使用 dict 函数和 zip 函数创建字典。

下面分别介绍使用这几种方法创建字典。

1. 手动输入大括号和字典中的数据

创建字典最直接的方法是输入一对大括号，并在其中输入一项或多项数据，每项数据中的键和值之间以英文冒号分隔，各项数据之间以英文逗号分隔。下面的代码是创建只包含一项数据的字典，该项数据的键是"牛奶"，值是 2。

```
{'牛奶': 2}
```

下面的代码是创建包含 3 项数据的字典，每项数据由商品名称和单价组成。

```
{'牛奶': 2, '酸奶': 3, '果汁': 5}
```

2. 使用 dict 函数和关键字参数创建字典

创建字典时，手动输入每一项数据，以及引号、冒号和逗号的效率很低。使用 dict 函数能够以类似为函数指定关键字参数的形式，将关键字参数的名称及其值转换为字典中的键和值。

下面的代码是创建与前面示例完全相同的字典，为 dict 函数指定 3 个参数，每个参数的名称被创建为字典中的键，每个参数的值被创建为字典中与键关联的值。

```
dict(牛奶=2, 酸奶=3, 果汁=5)
```

3. 使用 dict 函数将序列对象转换为字典

Python 中的字符串、列表、元组等都是序列对象，序列对象中的每项数据是有序排列的，可以被索引、切片和迭代。迭代是指程序依次处理每一项数据，直到最后一项数据为止。

使用 dict 函数可以将序列对象转换为字典，该方法要求序列对象中的每项数据都由两个值组成，第一个值被创建为字典中的键，第二个值被创建为与键关联的值。下面的代码创建与前面示例相同的字典，此处将一个列表作为参数传递给 dict 函数，该列表中的每项数据都是一个元组，每个元组都由两个值组成，第一个值是字符串，第二个值是数字。

```
dict([('牛奶', 2), ('酸奶', 3), ('果汁', 5)])
```

19

4. 使用 dict 函数和 zip 函数创建字典

如果字典中的键和值分别位于两个序列对象中，则可以使用 zip 函数将两个序列对象中相同位置上的值组合为一项数据，类似于上一个示例中由两个值组成的元组，然后使用 dict 函数将 zip 函数的返回值转换为字典。

下面的代码仍然是创建与前面示例相同的字典，首先创建分别表示商品名称和单价的两个列表，然后使用 zip 函数和 dict 函数将两个列表中的相关项创建为字典中每项数据的键和值。

```
names = ['牛奶', '酸奶', '果汁']
prices = [2, 3, 5]
dict(zip(names, prices))
```

2.3.2　创建符合特定条件的字典

与列表推导式类似，使用字典推导式可以创建包含满足指定条件的数据字典。下面的代码是使用变量 x 控制字典中每项数据的键和值，变量 x 的值用作每项数据的键，变量 x 的平方值用作与键关联的值，变量 x 和 x 的平方之间以英文冒号分隔。通过逐一引用由 list 函数和 range 函数构建的列表中的每一个数字来得到变量 x 的值。

```
{x: x**2 for x in list(range(1, 4))}
```

代码的运行结果如下：

```
{1: 1, 2: 4, 3: 9}
```

使用 zip 函数可以在字典推导式中使用两个变量分别控制字典中的键和值。下面的代码创建与前面示例完全相同的字典，但是此处使用的是字典推导式和 zip 函数。

```
names = ['牛奶', '酸奶', '果汁']
prices = [2, 3, 5]
{x: y for (x, y) in zip(names, prices)}
```

2.4　使用 NumPy 中的 Ndarray 对象构建数据

Ndarray 是 NumPy 的核心对象，该对象表示一维或多维数组，为了使本节中的示例代码正常运行，需要在每个示例代码的开头添加以下代码，在 Python 中导入 NumPy 库，并将其别名设置为 np，本节中的每个示例都使用该别名。

```
import numpy as np
```

2.4.1　创建一维数组

使用 NumPy 中的 arange 函数可以创建一维数组，该函数的用法与 Python 中的 range 函数类似。将一个整数作为参数传递给 arange 函数时，将创建一个从 0 到比该整数小 1 的值组成的一维数组。下面的代码创建由 0、1 和 2 三个元素组成的一维数组。

```
np.arange(3)
```

如果希望数组的第一个元素不是 0，则可以为 arange 函数同时传递两个参数，第一个参数用于指定第一个元素的值。下面的代码创建由 1 和 2 两个元素组成的一维数组。

```
np.arange(1, 3)
```

如果为 arange 函数传递第 3 个参数，则创建的数组中的各个元素之间具有指定的间隔。下面的代码创建由 1 ~ 10 的所有偶数组成的数组。

```
np.arange(2, 11, 2)
```

在交互模式中运行上面的代码，将显示以下结果：

```
array([ 2, 4, 6, 8, 10])
```

如果不想在运行结果中显示 array，则可以使用 Python 中的 print 函数，代码如下：

```
print(np.arange(2, 11, 2))
```

提示：这种问题在脚本模式中不存在，因为在脚本模式中编写要将结果显示在屏幕上的代码时，必须使用 print 函数。后面的示例将省略 print 函数，以便减少代码的复杂性。

在 NumPy 中还可以使用 array 函数将 Python 中的序列对象创建为数组。下面的代码将一个列表作为参数传递给 array 函数，将其创建为一维数组。

```
np.array([1, 2, 3])
```

传递给 array 函数的参数也可以是引用序列对象的变量。

```
numbers = [1, 2, 3]
np.array(numbers)
```

如需创建在指定数值范围内的等差数列的数组，可以使用 linspace 函数。该函数的前两个参数用于指定值的范围，第三个参数用于指定值的数量，即数组包含的元素个数。下面的代码是创建包含 3 个元素的一维数组，这 3 个元素都是 1 ~ 10 的数字，且两个相邻元素的差值是 4.5。

```
np.linspace(1, 10, 3)
```

代码的运行结果如下，任意两个相邻元素的差值都是 4.5。

```
[ 1. 5.5 10. ]
```

2.4.2　创建二维数组

使用 array 函数可以创建二维数组，只需将一个嵌套列表作为参数传给该函数即可。下面的代码创建一个二维数组，该数组的第一维包含两个元素（即两个子列表），第二维包含 3 个元素（即每个列表中的 3 个数字）。如果将该数组看作表格，则该表格有 2 行 3 列。

```
np.array([[1, 2, 3], [7, 8, 9]])
```

上述代码将创建以下数组：

```
[[1 2 3]
 [7 8 9]]
```

使用 NumPy 中的 random 函数可以创建一个包含 0 ~ 1 的随机数的二维数组，该函数位于 NumPy 库的 random 模块中。将一个元组作为参数传递给 random 函数，该元组中的值表示二维数组的行数和列数。下面的代码是创建一个 2 行 3 列的二维数组。

```
np.random.random((2, 3))
```

创建的数组如下，每次运行相同的代码会得到不同的随机数。

```
[[0.53631257 0.02745073 0.15569723]
 [0.72433551 0.36637602 0.13712715]]
```

2.4.3　将一维数组转换为二维数组

使用 Ndarray 对象的 reshape 方法，可以在使用 arange 函数创建一维数组时，直接将其转换为指定行、列数的二维数组。下面的代码将包含 6 个元素的一维数组转换为 2 行 3 列的二维数组。

```
np.arange(6).reshape(2, 3)
```

上述代码将创建以下数组：

```
[[0 1 2]
 [3 4 5]]
```

即使转换后的数组只有一行，它也是一个二维数组。

```
np.arange(6).reshape(1, 6)
```

上述代码将创建以下数组：

```
[[0 1 2 3 4 5]]
```

reshape 方法不会改变原数组的维数，当将创建的数组赋值给变量时，然后对该变量使用 reshape 方法转换数组时，即可证实这种情况。

如需修改原数组的维数，可以使用 Ndarray 对象的 shape 属性。下面的代码是实现与前面示例相同的功能，但是使用的是 shape 属性，将一个表示数组行、列数的元组赋值给该属性。

```
np.arange(6).shape = (2, 3)
```

或

```
np.arange(6).shape = 2, 3
```

2.4.4　查看数组的维数和元素数

使用 Ndarray 对象的 ndim 属性，可以查看数组的维数。下面的代码是先创建一个二维数组，然后使用 ndim 属性查看该数组的维数，该属性的返回值是 2，表示该数组有两个维度，是一个二维数组。

```
numbers = np.arange(6).reshape(2, 3)
numbers.ndim
```

使用 Ndarray 对象的 shape 属性，可以查看数组的形状，即数组每个维度包含的元素数。下面的代码是查看上面创建的 numbers 数组的形状：

```
numbers.shape
```

由于 numbers 数组有 2 行 3 列，所以将以元组的形式返回以下结果：

```
(2, 3)
```

如需查看数组包含的元素总数，可以使用 Ndarray 对象的 size 属性。下面的代码是查看 numbers 数组包含的元素总数，由于该数组有 2 行 3 列，所以元素总数是 2×3=6。

```
numbers.size
```

2.4.5　修改数组元素的值

与修改 Python 列表中元素的值的方法类似，如需修改 NumPy 数组中元素的值。可以将该元素的索引放到数组名右侧的一对中括号中，然后在等号的右侧输入修改后的值。下面的代码是先创建包含 0、1 和 2 三个元素的数组，然后将该数组的第 2 个元素的值修改为 666。

```
numbers = np.arange(3)
numbers[1] = 666
```

代码的运行结果如下，由于第 2 个元素是 3 位数，所以 NumPy 会自动使用空格将该数组中的其他元素补足到 3 位。

```
[  0 666   2]
```

注意：数组中所有元素的数据类型都必须相同，修改元素时，如果为其赋值的数据类型与其他元素的数据类型不同，则将导致错误。

可以一次性修改多个元素的值，此时需要将这些元素的索引添加到一个列表中，然后使用该列表对数组进行索引。下面的代码是将数组中的第 1 个元素和第 3 个元素的值分别修改为 666 和 888。也可以使用一个变量引用列表，然后在数组名右侧的中括号中使用变量名代替列表。

```
numbers = np.arange(3)
numbers[[0, 2]] = 666, 888
```

修改后的数组如下：

```
[666   1 888]
```

2.4.6 转置数组的行和列

使用 Ndarray 对象的 T 属性，可以将数组的行转换为列，将数组的列转换为行。下面的代码是创建一个 2 行 3 列的数组。

```
numbers = np.arange(6).reshape(2, 3)
[[0 1 2]
 [3 4 5]]
```

使用 T 属性将该数组转换为 3 行 2 列。

```
numbers.T
[[0 3]
 [1 4]
 [2 5]]
```

使用 Ndarray 对象的 transpose 函数也可以实现相同的功能。

```
np.transpose(numbers)
```

以上两种方法都不会将原数组修改为转置后的数组。

2.5　使用 Pandas 中的 Series 对象构建数据

Series 是 Pandas 的核心对象之一，该对象与 Python 中的列表对象类似，它们存储数据的方式与一维数组类似。不过 Series 对象还包含与数据对应的索引（标签）。为了使本节的示例代码正常运行，需要在每个示例的开头添加以下代码，在 Python 中导入 Pandas 库，并将其别名设置为 pd，本节中的每个示例都使用该别名。

```
import pandas as pd
```

2.5.1　创建 Series 对象

使用 Pandas 中的 Series 函数可以创建 Series 对象，该函数主要有以下两个参数：

- data：存储在 Series 对象中的数据，可以是 Python 中的数字、字符串、列表、元组和字典，也可以是 NumPy 中的一维数组。
- index：与 data 参数指定的各项数据对应的索引。省略该参数时，自动创建从 0 开始的整数序列，并将其用作数据的索引。

1. 使用 Python 列表创建 Series 对象

下面的代码是使用 Python 中的列表对象作为 data 参数来创建 Series 对象，并将从 1 开始的自然数序列设置为数据的索引，最后一个索引编号会根据列表中的元素总数自动调整。

```
data = list('python')
index = list(range(1, len(data)+1))
sr = pd.Series(data, index)
```

上述代码将创建以下数据：

```
1    p
2    y
3    t
4    h
5    o
6    n
```

为 index 变量赋值时，可以省略 list 函数，将上面的代码改为以下形式：

```
index = range(1, len(data)+1)
```

如果不想使用中间变量 data 和 index，则可以将 3 行代码合并为一行：

```
sr = pd.Series(list('python'), range(1, len(names)+1))
```

如果省略 index 参数，则创建的 Series 对象中的数据起始索引将从 0 开始。

```
0    p
1    y
2    t
```

```
3    h
4    o
5    n
```

除了数字之外，也可以使用字符串作为索引。下面的代码是使用从 A 开始的英文大写字母作为数据的索引。

```
data = list('python')
index = list('ABCDEF')
sr = pd.Series(data, index)
```

上述代码将创建以下数据：

```
A    p
B    y
C    t
D    h
E    o
F    n
```

data 参数的值也可以是手动输入元素的列表，列表中的各个元素可以具有不同的数据类型。

```
data = [1, 2, 3, 'Python', 'NumPy', 'Pandas']
index = list('ABCDEF')
sr = pd.Series(data, index)
```

上述代码将创建以下数据：

```
A         1
B         2
C         3
D    Python
E     NumPy
F    Pandas
```

提示：当 index 参数中的索引个数大于 data 参数中的数据个数时，多出的索引所对应的数据将显示为 NaN（Not a Number），这是在 Pandas 中表示缺失数据的方法。

2. 使用 Python 字典创建 Series 对象

下面的代码与上一个示例的功能相同，此处使用 Python 中的字典对象作为 data 参数来创建 Series 对象，此时会将字典中的键作为数据的索引，所以无须额外指定 index 参数。

```
data = dict(zip(range(1, 7), list('python')))
sr = pd.Series(data)
```

如果在使用字典的情况下仍然指定了 index 参数，则最后创建的数据的索引将按照

index 参数的顺序显示，并从字典中提取相应的值。

```
data = dict(zip(range(1, 7), list('python')))
sr = pd.Series(data, [1, 3, 5, 2, 4, 6])
```

上述代码将创建以下数据：

```
1    p
3    t
5    o
2    y
4    h
6    n
```

3. 使用字面值创建 Series 对象

下面的代码使用字面值作为 data 参数来创建 Series 对象。由于 index 参数有 6 个值（1 ~ 6），而 data 参数只有一个值（666），为了使每个索引都有对应的值，所以会将 666 重复显示 6 次，使每个索引都有一个值。

```
sr = pd.Series(666, range(1, 7))
```

上述代码将创建以下数据：

```
1    666
2    666
3    666
4    666
5    666
6    666
```

提示：Python 中的字面值在 Pandas 和 NumPy 中称为标量值，表示没有方向的值。

4. 使用 NumPy 数组创建 Series 对象

下面的代码是使用 NumPy 中的 arange 函数创建一个一维数组，并将其作为 data 参数来创建 Series 对象。

```
sr = pd.Series(np.arange(100, 106))
```

上述代码将创建以下数据：

```
0    100
1    101
2    102
3    103
4    104
5    105
```

2.5.2　获取或修改 Series 对象中的数据

与在 Python 字典中通过键来获取值的方法类似，在 Pandas 中可以使用索引获取 Series 对象中与索引关联的数据。下面的代码所创建的 Series 对象包含 6 个英文字母，使用索引 0 和 5 显示第 1 个和第 6 个英文字母。

```
sr = pd.Series(list('pandas'))
sr[0]
sr[5]
```

代码的运行结果如下：

```
'p'
's'
```

使用类似的方法，还可以修改 Series 对象中的数据。下面的代码将第二个英文字母修改为"y"。

```
sr[1] = 'y'
```

利用切片，可以一次性修改 Series 对象中的多项数据。下面的代码将第 3 ～ 6 个英文字母修改为"thon"。本例中冒号左侧的数字表示索引的起始编号，冒号右侧留空表示直到数据结尾。如果将冒号左侧留空，则表示"从数据开头开始"。

```
sr[2:] = list('thon')
```

注意：使用无效的索引将导致错误。为了避免这种情况，可以使用 Series 对象的 get 方法，检测到无效索引时该方法不会返回任何值，或者可以为其指定在遇到无效索引时显示哪些信息。下面的代码在使用无效索引时显示"不存在该索引"。

```
sr.get(6, '不存在该索引')
'不存在该索引'
```

2.5.3　为 Series 对象命名

为 Series 对象命名有以下几种方法：
- 创建 Series 对象时，使用 name 关键字参数。
- 创建 Series 对象后，使用该对象的 name 属性。
- 创建 Series 对象后，使用该对象的 rename 方法。

下面的代码使用第 1 种方法将 Series 对象命名为 py。使用 Series 对象的 name 属性可以获取该对象的名称。

```
sr = pd.Series(list('python'), name='py')
sr.name
```

代码的运行结果如下：

```
'py'
```

下面的代码使用第 2 种方法将 Series 对象命名为 py。

```
sr = pd.Series(list('python'))
sr.name = 'py'
```

下面的代码使用第 3 种方法将 Series 对象命名为 py。

```
sr = pd.Series(list('python'))
sr.rename('py')
```

前两种方法的功能相同，命名后都可以使用 Series 对象的 name 属性获取名称。第 3 种方法不会将名称保存到 name 属性中，所以使用 name 属性无法获取名称。

2.5.4　获取 Series 对象中的所有数据

使用 Series 对象的 array 属性可以获取该对象中的所有数据。

```
sr = pd.Series(list('python'))
sr.array
```

返回的 Series 对象中的数据如下，第一行显示的是数据类型，array 属性返回的数据类型是 Pandas 内部定义的 NumPy 扩展数组。

```
<NumpyExtensionArray>
['p', 'y', 't', 'h', 'o', 'n']
Length: 6, dtype: object
```

如需返回 NumPy 中的 Ndarray 对象数据类型，可以使用 Series 对象的 to_numpy 方法。

```
sr = pd.Series(list('python'))
sr.to_numpy()
```

返回的 Series 对象中的数据如下：

```
['p' 'y' 't' 'h' 'o' 'n']
```

使用 Python 中的 type 函数可以检测 to_numpy 方法返回值的数据类型。

```
type(sr.to_numpy())
```

返回的数据类型如下：

```
<class 'numpy.ndarray'>
```

2.6 使用 Pandas 中的 DataFrame 对象构建数据

DataFrame 是 Pandas 的另一个核心对象，该对象包含一组有序的列，每列可以是不同类型的数据。当 DataFrame 对象包含多列数据时，其结构类似于 Excel 工作表或数据库应用程序中的表。为了便于标识特定的行、列或行列交错位置上的值，DataFrame 对象同时包含行索引和列索引。

与 Series 对象类似，创建 DataFrame 对象也可以使用多种类型的数据。

- Python 中的列表对象。
- Python 中的字典对象。
- NumPy 中的 Ndarray 对象，可以是一维数组或二维数组。
- Pandas 中的 Series 对象。

使用 Pandas 中的 DataFrame 函数可以创建 DataFrame 对象，该函数主要有以下 3 个参数：

- data：存储在 DataFrame 对象中的数据。
- index：行索引。
- columns：列索引。

与创建 Series 对象类似，使用 DataFrame 对象构建数据时，也需要在 Python 中导入 Pandas 库。

2.6.1 使用 Python 中的列表对象创建 DataFrame 对象

下面的代码是使用 Python 中的列表对象作为 data 参数来创建 DataFrame 对象，由于未指定 DataFrame 对象的行索引和列索引，所以默认使用从 0 开始的两组整数序列作为行索引和列索引。本例中的列表包含 6 个字母，每个字母都是列表中的一个元素，使用该数据创建的 DataFrame 对象包含一列数据，该列数据有 6 行。由于没有指定 index 参数，所以列索引为 0，行索引为 0 ～ 5。

```
data = list('python')
df = pd.DataFrame(data)
```

上述代码将创建以下数据：

```
   0
0  p
1  y
2  t
3  h
4  o
5  n
```

如需创建两列数据，则可以构建一个嵌套列表。下面代码运行的结果可能出乎意料，两个子列表中的数据并没有像上一个示例那样纵向排列，而是横向排列。

```
data = [list('python'), list('pandas')]
df = pd.DataFrame(data)
```

上述代码将创建以下数据：

```
  0 1 2 3 4 5
0 p y t h o n
1 p a n d a s
```

可以使用 NumPy 中的 transpose 函数转置数据的行和列，修改后的代码如下：

```
data = [list('python'), list('pandas')]
df = pd.DataFrame(np.transpose(data))
```

上述代码将创建以下数据：

```
  0 1
0 p p
1 y a
2 t n
3 h d
4 o a
5 n s
```

如需使行索引和列索引都从 1 开始编号，可以在创建 DataFrame 对象时指定 index 和 columns 两个参数。

```
data = [list('python'), list('pandas')]
index = range(1, 7)
columns = range(1, 3)
df = pd.DataFrame(np.transpose(data), index, columns)
```

上述代码将创建以下数据：

```
  1 2
1 p p
2 y a
3 t n
4 h d
5 o a
6 n s
```

下面的代码可以让行索引和列索引的最大值随着数据范围的大小自动调整，其中的 data[0] 引用第一个子列表。由于两个子列表中的元素个数相同，所以引用哪一个子列表都可以。

```
index = range(1, len(data[0])+1)
column = range(1, len(data)+1)
```

2.6.2　使用 Python 中的字典对象创建 DataFrame 对象

使用 Python 中的字典对象作为 data 参数来创建 DataFrame 对象时，会自动将字典的键作为 DataFrame 对象的列索引。下面的代码将创建一个键为 1 和 2 的字典，与每个键关联的值都是一个列表。创建 DataFrame 对象后，使用这两个键作为两列数据的列索引。可以发现，使用这种方法创建的 DataFrame 对象，无须对其中的两组数据的行和列进行转置。

```
data = {1: list('python'), 2: list('pandas')}
df = pd.DataFrame(data)
```

上述代码将创建以下数据：

```
   1  2
0  p  p
1  y  a
2  t  n
3  h  d
4  o  a
5  n  s
```

2.6.3　使用 NumPy 中的 Ndarray 对象创建 DataFrame 对象

下面的代码是使用 NumPy 中的 Ndarray 对象作为 data 参数来创建 DataFrame 对象。由于使用 NumPy 中的 array 函数创建的数组为 2 行 6 列，所以需要使用 Ndarray 对象的 T 属性将该数组转换为 6 行 2 列，然后为其添加从 1 开始编号的行索引和列索引。

```
data = np.array([list('python'), list('pandas')])
df = pd.DataFrame(data.T, range(1, 7), [1, 2])
```

上述代码将创建以下数据：

```
   1  2
1  p  p
2  y  a
3  t  n
4  h  d
5  o  a
6  n  s
```

2.6.4　使用 Pandas 中的 Series 对象创建 DataFrame 对象

由于 Series 对象本身可以设置索引，所以使用该对象作为 data 参数来创建 DataFrame 对象时，会自动将 Series 对象自身的索引作为 DataFrame 对象的行索引。下面的代码是创建单列数据，其行索引就是为 Series 对象设置的索引。

```
sr = pd.Series(list('python'), range(1, 7))
df = pd.DataFrame(sr)
```

上述代码将创建以下数据：

```
  0
1 p
2 y
3 t
4 h
5 o
6 n
```

如需创建两列数据，可以创建两个 Series 对象，然后将它们组合在一个字典对象中，并为它们分别提供一个键，这些键将在创建的 DataFrame 对象中被用作列索引。

```
sr1 = pd.Series(list('python'), range(1, 7))
sr2 = pd.Series(list('pandas'), range(1, 7))
df = pd.DataFrame({1: sr1, 2: sr2})
```

上述代码将创建以下数据：

```
  1 2
1 p p
2 y a
3 t n
4 h d
5 o a
6 n s
```

如果创建的 DataFrame 对象包含多列，则可以使用 dict 函数和 zip 函数组合多个键和列表。对于本例来说，可以将第 3 行代码改为以下形式。当包含多列数据时，使用这种方式的输入效率更高。

```
df = pd.DataFrame(dict(zip((1, 2), [sr1, sr2])))
```

2.6.5　获取指定的行、列和值

从 DataFrame 对象中获取不同范围的数据有以下几种方法：

- 获取指定的列：使用索引或键的方式，格式为 df[列索引]。
- 获取指定的行：使用 DataFrame 对象的 loc 方法和行索引，格式为 df.loc[行索引]。还可以使用 iloc 方法和行的位置索引，例如 df.iloc[0] 表示获取第一行，将 0 改为 1 表示获取第二行。位置索引与指定的行索引无关，无论将行索引指定为何种内容，位置索引都从 0 开始编号。
- 获取指定的值：使用 DataFrame 对象的 loc 方法并指定行索引和列索引，格式为 df.loc[行索引 , 列索引]。

2.7 使用 Python 和 Pandas 读取文件中的数据

进行可视化设计的数据通常都来自于特定类型的文件，最常见的文件类型是文本文件、CSV 文件和 Excel 文件。本节将介绍使用 Python 内置功能和 Pandas 库中的功能来读取这些文件中的数据，为数据的可视化设计做好准备。

2.7.1 使用 Python 内置功能读取文本文件中的数据

文本文件的扩展名是 .txt，它是一种跨平台的通用文件格式，适合在不同的操作系统和程序之间交换数据。使用 Python 内置的 open 函数可以打开文本文件，然后使用几种方法读取其中的数据。图 2-1 是本小节要读取的文本文件。

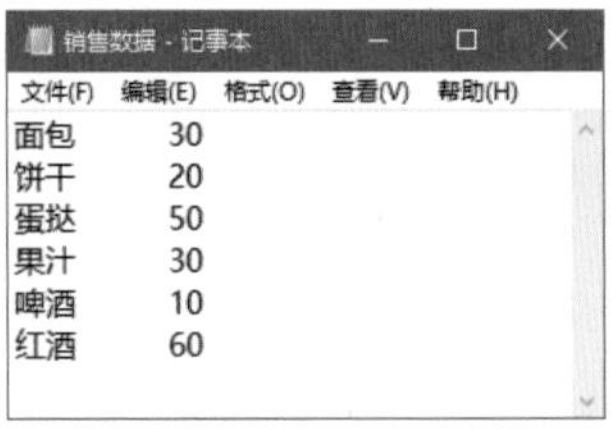

图 2-1　要读取的文本文件

读取一个文本文件之前，需要先使用 Python 内置的 open 函数打开这个文件。open 函数的第一个参数表示文件的路径，第二个参数表示文件的打开模式。由于本书只涉及读取文件的操作，所以只需将第二个参数设置为 r，该字母表示以读取模式打开文本文件。下面的代码将打开名为"销售数据 .txt"的文本文件。

```
open('E:\\ 测试数据 \\Python\\ 销售数据 .txt', 'r')
```

如果没有指定文件的路径，则假定该文件位于当前目录中。如果当前目录中不存在该文件，则将导致错误，在 Python 中将错误称为异常。

读取文件中的数据后，应该使用文件对象的 close 方法关闭该文件，以便释放其所占用的系统资源。通常将打开的文件赋值给一个变量，该变量将表示一个文件对象，关闭文件时使用该变量调用 close 方法。

下面的代码将打开的文本文件赋值给 file 变量，然后使用该变量表示的文件对象调用 close 方法来关闭该文件。

```
file = open('E:\\ 测试数据 \\Python\\ 销售数据 .txt', 'r')
file.close()
```

文件对象提供了几种读取文本文件的方法：

- readline：每次读取一行，返回该行文本的字符串。
- readlines：一次性读取所有行，返回由各行文本组成的列表。
- read：一次性读取所有文本，返回由所有文本组成的字符串。

在对数据进行可视化设计时，通常需要读取所有文本。readlines 和 read 都用于读取文件中的所有文本，前者以行为单位进行读取，并返回一个由各行文本组成的列表对象，后者直接读取所有文本并返回一个字符串。此处只介绍 readlines 方法，因为该方法返回的内容更便于处理成适合可视化设计的数据。

使用 readlines 方法将一次性读取文本文件中的所有行，并返回一个由各行文本组成的列表，每一行文本都是列表中的一个元素。下面的代码将读取"销售数据 .txt"文件中的所有行，并将读取到的文本打印出来。

```
file = open('E:\\ 测试数据 \\Python\\ 销售数据 .txt', 'r')
data = file.readlines()
print(data)
```

代码的运行结果如下：

```
['面包 \t30\n', '饼干 \t20\n', '蛋挞 \t50\n', '果汁 \t30\n', '啤酒 \t10\n', '红酒
\t60\n']
```

在每个元素中都包含"\t"和"\n"，"\t"表示制表符，"\n"表示每行文本结尾的换行符。如需去除每个元素中的"\n"，可以使用列表推导式，在其中使用字符串对象的 rstrip 方法删除字符串结尾的字符。虽然"\n"由两个字符组成，但 Python 会将其当做单个字符处理。

```
file = open('E:\\ 测试数据 \\Python\\ 销售数据 .txt', 'r')
data = [s.rstrip() for t in file.readlines()]
print(data)
```

代码的运行结果如下：

```
['面包 \t30', '饼干 \t20', '蛋挞 \t50', '果汁 \t30', '啤酒 \t10', '红酒 \t60']
```

还可以使用字符串对象的 replace 方法删除每个元素中的"\n"，代码如下。replace 的优势并非删除换行符，而是可以替换或删除任意指定的字符。

```
data = [s.replace('\n', '') for s in file.readlines()]
```

从文件中读取到的数据通常包含多列，但是在使用诸如 Matplotlib 库为数据创建图表时，需要使用多列数据中的某一列，此时可以使用下面的代码将读取到的多列数据拆分为多个单列。

```
file = open('E:\\ 测试数据 \\Python\\ 销售数据 .txt', 'r')
names = []
counts = []
for line in file.readlines():
    names.append(line.rstrip().split('\t')[0])
    counts.append(int(line.rstrip().split('\t')[1]))
file.close()
```

在上面的代码中添加下面的代码，可以检测两个变量中保存的数据。

```
print(names, counts, sep='\n')
```

代码的运行结果如下，此时已将读取到的两列数据拆分为两个单列数据。

```
[' 面包 ', ' 饼干 ', ' 蛋挞 ', ' 果汁 ', ' 啤酒 ', ' 红酒 ']
['30', '20', '50', '30', '10', '60']
```

在上面的代码中，下面的表达式返回的是读取到的每个元素中的第一个部分，即商品的名称。line.rstrip() 返回去除换行符后的内容，然后使用 split 方法以制表符作为分隔符，将内容拆分为两个部分，[0] 表示提取拆分后的第一个部分，即商品的名称。[1] 表示提取拆分后的第二个部分，即商品的数量。

```
line.rstrip().split('\t')[0]
```

2.7.2　使用 Python 标准库模块读取 CSV 文件中的数据

CSV 文件是一种使用特定符号分隔各列数据的文本文件，通常以逗号分隔，但是也可以使用其他符号分隔。使用 Python 标准库中的 csv 模块可以读取 CSV 文件中的数据。图 2-2 是本小节要读取的 CSV 文件。

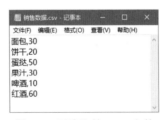

图 2-2　要读取的 CSV 文件

虽然 csv 是 Python 标准库中的模块，但是在使用该模块之前，仍然需要像使用第三方模块一样，使用 import 语句导入模块。然后可以使用 csv 模块中的 reader 函数读取 CSV 文件中的数据，该函数的返回值是一个 reader 对象。

下面的代码是使用 open 函数以读取模式打开一个 csv 文件，然后使用该模块中的 reader 函数读取 csv 文件中的所有数据。如需在屏幕上打印读取到的数据，需要将 reader 函数的返回值作为参数传递给 list 函数。

```
import csv
file = open('E:\\ 测试数据 \\Python\\ 销售数据 .csv', 'r')
data = csv.reader(file)
print(list(data))
file.close()
```

代码的运行结果如下：

```
[['面包', '30'], ['饼干', '20'], ['蛋挞', '50'], ['果汁', '30'], ['啤酒', '10'],
['红酒', '60']]
```

如需将读取到的多列数据拆分为多个单列数据，可以使用下面的代码：

```
import csv
file = open('E:\\ 测试数据 \\Python\\ 销售数据 .csv', 'r')
names = []
counts = []
for x, y in csv.reader(file):
    names.append(x)
    counts.append(int(y))
file.close()
```

在上面的代码中添加下面的代码，可以检测两个变量中保存的数据。由于本例 CSV 文件中的数据只有两列，所以在 for 语句中使用 x 和 y 两个变量。使用的变量数量由文件中的数据总列数决定。

```
print(names, counts, sep='\n')
```

代码的运行结果如下：

```
['面包', '饼干', '蛋挞', '果汁', '啤酒', '红酒']
[30, 20, 50, 30, 10, 60]
```

2.7.3 使用 Pandas 库读取文本文件中的数据

使用 Pandas 库中的 read_table 函数，可以读取文本文件中的数据，该函数将返回 Pandas 中的 DataFrame 对象。使用 read_table 函数时最常用的有以下几个参数：
- filepath：文本文件的路径，必须指定该参数。除了该参数之外，其他参数都是关键字参数。

- sep：各列数据之间的分隔符，未指定该参数时，其值默认为制表符。
- header：如果文本文件中的格列没有标题，则需要将该参数设置为 None。
- names：为读取后的各列数据添加列标题。
- encoding：如果文本文件中包含中文，则需要将该参数设置为一种中文编码方式，通常将其设置为 gb2312。

下面的代码将读取 2.7.1 小节中名为"销售数据 .txt"的文本文件，但是此处使用的是 Pandas 库中的 read_table 函数。由于该文件不包含列标题，所以需要将 header 参数设置为 None。

```python
import pandas as pd
file = 'E:\\ 测试数据 \\Python\\ 销售数据 .txt'
df = pd.read_table(file, header=None, encoding='gb2312')
print(df)
```

代码的运行结果如下：

```
     0   1
0  面包  30
1  饼干  20
2  蛋挞  50
3  果汁  30
4  啤酒  10
5  红酒  60
```

如需为读取后的数据添加自定义的列标题，可以将列标题以列表的形式设置为 names 参数的值，并省略 header 参数，修改后的代码如下：

```python
import pandas as pd
file = 'E:\\ 测试数据 \\Python\\ 销售数据 .txt'
names = [' 名称 ', ' 数量 ']
df = pd.read_table(file, names=names, encoding='gb2312')
print(df)
```

代码的运行结果如下：

```
   名称  数量
0  面包  30
1  饼干  20
2  蛋挞  50
3  果汁  30
4  啤酒  10
5  红酒  60
```

2.7.4　使用 Pandas 库读取 CSV 文件中的数据

使用 Pandas 库中的 read_csv 函数可以读取 CSV 文件中的数据，该函数的语法和用法与 2.7.3 小节介绍过的 read_table 函数基本相同，主要区别是在省略 sep 参数时，read_csv 函数默认读取以逗号分隔的数据，而 read_table 函数默认读取以制表符分隔的数据。

下面的代码将读取与 2.7.2 小节相同的 CSV 文件，并为读取后的数据添加列标题。

```
import pandas as pd
file = 'E:\\ 测试数据 \\Python\\ 销售数据 .csv'
columns = [' 名称 ', ' 数量 ']
df = pd.read_csv(file, names=columns, encoding='gb2312')
print(df)
```

2.7.5　使用 Pandas 库读取 Excel 文件中的数据

使用 Pandas 库中的 read_excel 函数可以读取 Excel 文件的数据，该函数的大多数参数都与前面介绍的 read_tableread_csv 两个函数相同，不过 read_excel 函数也有一些特殊的参数专门用于处理 Excel 文件。

下面的代码将读取名为 "销售数据 .xlsx" 的文件中位于第一个工作表中的数据，该文件中的数据如图 2-3 所示。

```
import pandas as pd
file = 'E:\\ 测试数据 \\Python\\ 销售数据 .xlsx'
df = pd.read_excel(file)
print(df)
```

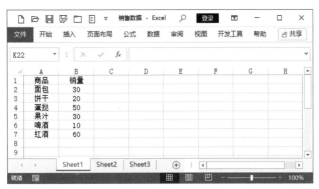

图 2-3　要读取的 Excel 文件中的数据

代码的运行结果如下：

```
商品　销量
```

```
0   面包   30
1   饼干   20
2   蛋挞   50
3   果汁   30
4   啤酒   10
5   红酒   60
```

由于本例的 Excel 数据包含标题行，所以读取后会显示各列的标题。如果 Excel 数据不包含标题行，或者想要使用自定义标题替换原有标题，则可以为 read_excel 函数指定 names 参数。下面的代码将使用字母 A 和 B 作为两列数据的标题。

```
import pandas as pd
file = 'E:\\ 测试数据 \\Python\\ 销售数据 .xlsx'
df = pd.read_excel(file, names=['A', 'B'])
print(df)
```

代码的运行结果如下：

```
     A    B
0   面包   30
1   饼干   20
2   蛋挞   50
3   果汁   30
4   啤酒   10
5   红酒   60
```

如需读取特定工作表中的数据，可以为 read_excel 函数指定 sheet_name 参数，将该参数的值设置为一个或多个工作表的名称或索引，第一个工作表的索引为 0，其他工作表的索引以此类推。下面的代码将读取名为 Sheet2 工作表中的数据。

```
import pandas as pd
file = 'E:\\ 测试数据 \\Python\\ 销售数据 .xlsx'
df = pd.read_excel(file, sheet_name='Sheet2')
print(df)
```

下面的代码将读取 Sheet1 和 Sheet3 两个工作表中的数据。

```
import pandas as pd
file = 'E:\\ 测试数据 \\Python\\ 销售数据 .xlsx'
df = pd.read_excel(file, sheet_name=['Sheet1', 'Sheet3'])
print(df)
```

下面的代码将读取第 2 个和第 3 个工作表中的数据。

```
import pandas as pd
file = 'E:\\ 测试数据 \\Python\\ 销售数据 .xlsx'
df = pd.read_excel(file, sheet_name=[1, 2])
```

```
print(df)
```

有时可能只想处理 Excel 工作表中某些列数据，而非所有列，为了提高处理效率，可以为 read_excel 函数指定 usecols 参数，将该参数的值设置为列字母或列的索引，列的索引从 0 开始编号。下面的代码将读取 Sheet1 工作表中的 A 列数据。

```
import pandas as pd
file = 'E:\\ 测试数据 \\Python\\ 销售数据 .xlsx'
df = pd.read_excel(file, sheet_name='Sheet1', usecols='A')
print(df)
```

下面的代码将读取 Sheet1 工作表中的 A、B、C 三列数据。

```
import pandas as pd
file = 'E:\\ 测试数据 \\Python\\ 销售数据 .xlsx'
df = pd.read_excel(file, sheet_name='Sheet1', usecols='A:C')
print(df)
```

下面的代码将读取 Sheet1 工作表中的第 1、3、5 列数据。

```
import pandas as pd
file = 'E:\\ 测试数据 \\Python\\ 销售数据 .xlsx'
df = pd.read_excel(file, sheet_name='Sheet1', usecols=[0, 2, 4])
print(df)
```

▶▶▶ 第 3 章

快速了解Matplotlib

本章对于快速理解和深入学习 Matplotlib 来说至关重要，本章内容虽然不多，但是从全局的角度介绍 Matplotlib 中创建图表所需了解的重要内容，为第 4 章和第 5 章的顺利学习打下良好的基础。

3.1　Matplotlib 图表的整体组成

一个 Matplotlib 图表由很多元素组成，为了能够顺利编写出创建和处理图表的代码，首先需要了解图表中各个元素的名称，以及它们在图表中的位置。除了这些内容之外，本节还将介绍使用 Matplotlib 创建图表的基本流程，以及多个图表的布局方式。

3.1.1　Matplotlib 图表的组成部分

图 3-1 是 Matplotlib 官方网站中的一张图片，展示了一个图表包含哪些元素，图中的每个元素都包含以下 3 项信息：

- 元素的外观和位置：使用空心圆圈标识元素在图表中的外观和位置。
- 元素的名称：空心圆圈下方有两行文字，第一行加粗的文字是元素的名称。
- 元素的创建方法：空心圆圈下方的第二行文字是创建元素的方法。

下面列出了每个元素的英文和中文名称，以及简要说明。

- Figure（整个图形）：Figure 是显示图表的整个窗口内的可见区域。在一个 Figure 中可以包含一个或多个图表，每个图表都有自己的坐标系。图 3-1 中的 Figure 只包含一个图表。
- Title（标题）：图表上方的标题。当一个 Figure 包含多个图表时，每个图表都有一个标题。整个图形也有一个标题，它是所有图表共同的标题。
- Axes（坐标系）：一个图形包含几个图表，就有几个 Axes，每个图表对应一个Axes。图 3-1 中只有一个图表，所以也只有一个 Axes。可以将 Axes 看作是一个图形中的绘图区，当一个图形包含多个图表时，相当于是将该图形划分为多个区域，然后在每个区域中创建图表。

- x Axis（x 轴）：坐标系中的 x 轴。
- y Axis（y 轴）：坐标系中的 y 轴。
- x Axis label（x 轴标签）：描述 x 轴含义的文字，可将其称为 x 轴标题。
- y Axis label（y 轴标签）：描述 y 轴含义的文字，可将其称为 y 轴标题。
- Major tick（主要刻度）：标识坐标轴上主要刻度的线条。
- Minor tick（次要刻度）：标识坐标轴上次要刻度的线条。
- Major tick label（主要刻度标签）：标识坐标轴上主要刻度的数字。
- Minor tick label（次要刻度标签）：标识坐标轴上次要刻度的数字。
- Line（线）：绘制在图表中的线条。
- Markers (标记)：绘制在图表中的标记。
- Legend（图例）：使用色块和文字标识图表中的不同线条和形状。
- Grid（网格）：从刻度延伸出的线条，作为刻度的参考线。
- Spines（图脊）：图表的外边框线，两条边框线分别与 x 轴和 y 轴平行。

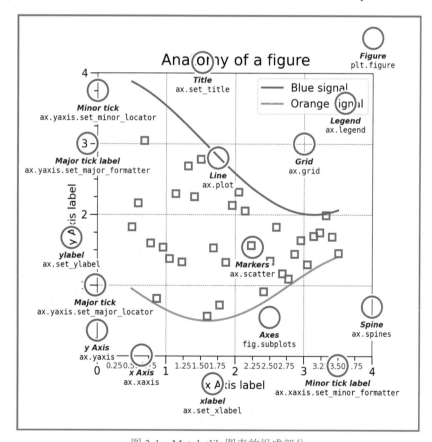

图 3-1　Matplotlib 图表的组成部分

3.1.2 使用 Matplotlib 创建图表的基本流程

在 Matplotlib 中创建图表时，需要先创建一个 Figure 对象，后续创建的图表都位于该对象中。然后根据要创建的图表数量，在 Figure 对象中创建一个或多个 Axes 对象，每个 Axes 对象都是一个独立的坐标系。接下来在不同的 Axes 对象中创建所需的图表，并对图表的细节进行调整，包括在图表中显示哪些元素、每个元素的外观格式等。

在 Matplotlib 中，可以依次创建 Figure 对象和 Axes 对象，也可以同时创建它们。

3.1.3 多个图表的布局方式

在 Matplotlib 中，用于显示图表的整个窗口内的可视区域是一个图形。在这个图形中可以包含一个或多个图表。当只包含一个图表时，该图表占据整个图形的范围。当包含多个图表时，会将整个图形划分为多个区域，每个区域有一个图表，每个图表有自己的坐标系，每个坐标系有两条或三条坐标轴。如果将整个图形看作一个大图表，则该图形中的每个区域内的图表就是子图表。

Matplotlib 图表中的元素称为 Artist，包括 Figure 和 Axes 在内。创建图表后，图表中的每个元素被绑定到一个特定的坐标系，一个元素不能同时出现在多个坐标系中，也不能在不同的坐标系之间移动。

如图 3-2 所示的图形包含 4 个图表，相当于将整个图形划分为 2 行 2 列的网格，然后在每一个网格中绘制一个图表。

也可以在一个图形中放置具有不规则网格布局的图表。如图 3-3 所示，第一列有一个图表，第二列有两个图表。

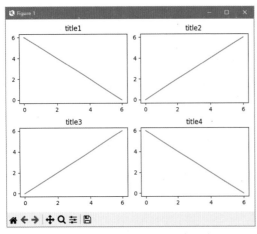
图 3-2　包含规则布局的多个图表

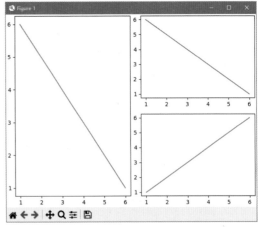
图 3-3　包含不规则布局的多个图表

3.2　创建图表的两种编程方式

Matplotlib 为创建图表提供了两种编程方式——函数和面向对象。无论使用哪种方式，都可以创建所需的图表，两种方式各有优缺点。在实际编程任务中，经常结合使用函数和面向对象两种方式来创建图表，充分发挥两种编程方式各自的优点，从而简化代码的编写，同时也能使创建图表的整个过程逻辑清晰，并可对图表的细节具有灵活的控制能力。

3.2.1　使用函数方式创建图表

在 Matplotlib 库中有一个 pyplot 模块，该模块提供了大量的函数，使用这些函数可以创建不同类型的图表，并对图表元素进行详细设置。使用 pyplot 模块中的函数创建图表时，只需为这些函数提供一些参数即可，用户无须显式创建 Figure 和 Axes 等对象，Matplotlib 会在幕后自动创建它们。

下面的示例使用函数方式创建如图 3-4 所示的图表，其中使用了以下几个函数：

- figure：创建一个图形。
- plot：绘制折线图。
- xlabel：设置 x 轴标题。
- ylabel：设置 y 轴标题。
- title：设置图表标题。
- legend：添加图例。
- show：在窗口中显示图表。

```
import matplotlib.pyplot as plt
x = range(1, 7)
plt.figure()
plt.plot(x, x, label='linear')
plt.xlabel('x Axis')
plt.ylabel('y Axis')
plt.title("Plot Test")
plt.legend()
plt.show()
```

提示：导入 pyplot 模块时，虽然可以使用任何名称作为其别名，但是通常将其别名设置为 plt，这是一种便于 Python 程序员交流的命名惯例。

pyplot 模块中的绘图函数通常接受 Ndarray 类型的数据，Ndarray 是 NumPy 库的核心对象，第 2 章曾详细介绍过。此外，Python 中的序列对象和可迭代对象也可作为这些函数的参数，本例传递给 plot 函数的参数是由 Python 中的 Range 函数创建的可迭代对象。

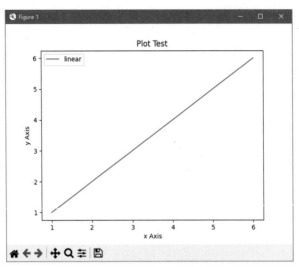

图 3-4　使用函数方式创建图表

3.2.2　使用面向对象方式创建图表

在 Matplotlib 中操作的任何东西都是对象，例如 Figure、Axes 和 Axis 等。使用面向对象方式创建图表时，Figure 对象通常使用函数方式来创建，即 pyplot 模块中的 figure 函数，这是创建 Figure 对象的快捷方法。

下面的示例是创建与 3.2.1 小节相同的图表，此处使用的是面向对象编程方式。

```
import matplotlib.pyplot as plt
x = range(1, 7)
fig, ax = plt.subplots()
ax.plot(x, x, label='linear')
ax.set_xlabel('x Axis')
ax.set_ylabel('y Axis')
ax.set_title('Plot Test')
ax.legend()
fig.show()
```

函数和面向对象两种编程方式的主要区别：
- 在函数式编程中，每行代码几乎都以 plt 开头，绘制图表并设置图表元素的操作使用的都是 pyplot 模块中的函数。在窗口中显示图表时，使用的是 pyplot 模块中的 show 函数。
- 在面向对象式编程中，需要显式创建 Figure 和 Axes 等对象，绘制图表并设置图表元素使用的是 Axes 对象的方法。在窗口中显示图表时，使用的是 Figure 对象的 show 方法。

3.3　设置 Matplotlib 默认选项

如果每次创建的图表都具有固定的样式，例如特定的线型，为了避免重复操作，提高绘图效率，可以将 Matplotlib 中的默认线型设置为所需的样式。设置 Matplotlib 默认选项有 3 种方法：

- 使用 rcParams 函数。
- 更改 matplotlibrc 文件。
- 使用样式表。

本节主要介绍前两种方法。

3.3.1　在程序运行时临时设置默认选项

如需在程序运行过程中动态改变 Matplotlib 的默认选项，可以使用 Matplotlib 中的 rcParams 功能。rcParams 是一个包含所有绘图选项的字典，其中的每个元素都对应一个绘图选项，每个元素的键是选项的名称，与键关联的值是选项的设置值。

在 Matplotlib 中默认无法正常显示中文，一种解决方法是在每个程序中加入类似下面的代码，设置 rcParams 字典中的 font.sans-serif 键，将其值设置为一个中文字体的名称，此处的 SimSun 表示宋体。

```
import matplotlib as mpl
mpl.rcParams['font.sans-serif'] = 'SimSun'
```

下面列出了几种常用字体的名称，可以将它们设置为 font.sans-serif 键的值。

- 黑体：SimHei
- 宋体：SimSun
- 仿宋：FangSong
- 楷体：KaiTi
- 幼圆：YouYuan

如需获得更多字体的名称，可以使用 Matplotlib 的 font_manager 模块中的 FontManager 类构造函数，使用该函数创建一个 FontManager 对象，然后使用该对象的 ttflist 属性查看所有可用的字体名称，代码如下：

```
import matplotlib.font_manager as mfm
fmg = mfm.FontManager()
fmg.ttflist
```

此外，在 Matplotlib 中绘图时还可能会遇到负号不显示的问题。使用下面的代码可以解决该问题，将 axes.unicode_minus 键的值设置为 False。

```
mpl.rcParams['axes.unicode_minus'] = False
```

3.3.2 使用配置文件永久设置默认选项

虽然使用 3.3.1 小节介绍的方法可以解决问题，但是需要在每个 Python 程序中都加入相同的代码。如果只想修改一次，并使修改后的效果一劳永逸，则可以通过修改 matplotlibrc 文件来设置 Matplotlib 的默认选项。

如需确定 matplotlibrc 文件的位置，可以运行下面的代码：

```
import matplotlib as mpl
print(matplotlib.matplotlib_fname())
```

运行代码后，将显示类似于下面的 matplotlibrc 文件的完整路径：

```
D:\Program Files\Python312\Lib\site-packages\matplotlib\mpl-data\matplotlibrc
```

图 3-5　定位 matplotlibrc 文件

在操作系统的文件资源管理器中进入 matplotlibrc 文件所在的 mpl-data 文件夹，然后使用文本编辑程序（例如记事本）打开该文件，如图 3-5 所示。

打开 matplotlibrc 文件后，其中按照类别列出了所有可以设置的绘图选项。FONT 类别用于设置与字体相关的选项，如图 3-6 所示。

如需在以后创建的所有图表中都能正常显示中文，可以将图 3-6 中 font.family 选项右侧的值替换为所需的中文字体名称，如图 3-7 所示。保存对 matplotlibrc 文件的修改，然后关闭该文件。

图 3-6　FONT 类别　　　　　　图 3-7　修改默认的字体名称

第 4 章

使用Matplotlib创建图表的通用操作

本章内容不局限于特定类型的图表，而是从通用的角度出发，介绍使用 Matplotlib 创建图表时涉及到的一系列操作，包括创建图形和坐标系、设置图形外观、设置坐标轴、为数据点添加注释、添加图表标题和图例、添加网格线和参考线，以及将图表保存为图片文件等，这些内容几乎全部适用于第 5 章创建的每一类图表。

4.1 创建图形和坐标系

创建图表前，需要先创建一个作为图表容器的图形，然后在这个图形中创建一个或多个图表。Matplotlib 为创建图形提供了多种方法，可以显式或隐式创建图形。

4.1.1 创建带有一个坐标系的图形

使用 pyplot 模块中的 subplots 函数，可以创建带有一个坐标系的图形。也就是说，使用该函数可以同时创建图形和坐标系，而无须分步创建它们。

subplots 函数返回一个元组，其中包含两个元素，分别代表创建的图形和坐标系。为了便于后续代码处理刚创建的图形和坐标系，通常将 subplots 函数的返回值赋值给 fig 和

ax 两个变量，fig 代表图形（Figure 对象），ax 代表坐标系（Axes 对象）。虽然可以为变量设置任何名称，但是 fig 和 ax 是命名惯例。

下面的代码将创建带有一个坐标系的图形，如图 4-1 所示。

```
import matplotlib.pyplot as plt
fig, ax = plt.subplots()
plt.show()
```

提示：坐标系中的 x 轴和 y 轴的取值范围默认为 0 ~ 1，修改取值范围的方法请参考 4.3 节。

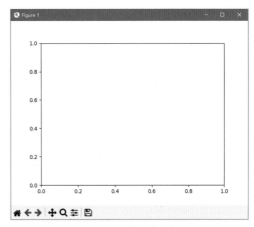

图 4-1　带有一个坐标系的图形

4.1.2　创建带有多个坐标系的图形

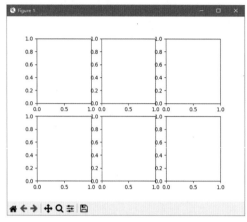

图 4-2　带有多个坐标系的图形

如需在图形中创建多个坐标系，可以为 subplots 函数指定前两个参数，它们表示要对图形进行划分的行数和列数，第一个参数表示行数，第二个参数表示列数。下面的代码将整个图形划分为 2 行 3 列，相当于在该图形中创建 6 个坐标系，如图 4-2 所示。

```
import matplotlib.pyplot as plt
fig, axs = plt.subplots(2, 3)
plt.show()
```

提示：由于创建的坐标系数量不止一个，所以将等号左侧的 ax 变量的名称改为复数形式 axs，此时 axs 变量的数据类型是 NumPy 中的 Ndarray 对象，而非 Matplotlib 中的 Axes 对象。

4.1.3　创建带有不规则排列的多个坐标系的图形

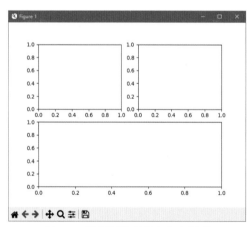

图 4-3　不规则排列的多个坐标系

使用 subplots 函数创建的多个坐标系都是整齐排列的，每一行都包含相同数量的坐标系，每一列也是如此。有时可能需要创建不规则排列的多个坐标系，例如，两个坐标系在图形的上半部分，并呈左右排列，另一个坐标系在图形的下半部分，如图 4-3 所示。如需创建类似于这种不规则排列的多个坐标系，可以使用 pyplot 模块中的 subplot_mosaic 函数。

下面的代码将创建图 4-3 中的 3 个坐标系，使用一个嵌套列表来组织多个坐标系的排列方式，并将该列表指定为 subplot_mosaic 函数的第一个参数。此时的 axs 变量的数据类型是字典对象，字典中的键是为 subplot_mosaic 函数指定的参数中的每个字符串，字典中的值是与这些字符串关联的每一个 Axes 对象，通过字典的键可以引用特定的坐标系。

```
import matplotlib.pyplot as plt
fig, axs = plt.subplot_mosaic([['left_top', 'right_top'],
                               ['bottom', 'bottom']])
plt.show()
```

4.1.4　直接在图形中的指定区域创建图表

在 pyplot 模块中，subplots 函数有一个单数形式 --subplot 函数。使用 subplot 函数可以直接在图形中的指定区域创建图表，其他区域保持空白。subplot 函数的前两个参数与 subplots 函数相同，用于指定划分图形的行数和列数，第三个参数表示要创建图表的区域的索引。图形中位于左上角区域的索引是 1，其他区域的索引按先行后列的顺序依次递增。

下面的代码将一个图形划分为 2 行 3 列，并在第 2 行第 2 列所在的区域中创建图表，该区域的索引是 5，如图 4-4 所示。

```
import matplotlib.pyplot as plt
plt.subplot(2, 3, 5)
plt.show()
```

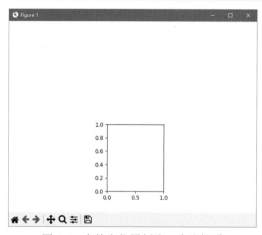

图 4-4　在特定位置创建一个坐标系

如果 3 个参数都是个位数，则可以将它们合并到一起，写成一个三位数的形式。所以，可以将上面的代码修改为以下形式：

```
plt.subplot(235)
```

4.1.5　创建空白图形并手动添加坐标系

有时可能想在图形中的特定位置上添加坐标系，而不是由 Matplotlib 自己决定将坐标系放在哪里。此时需要先使用 pyplot 模块中的 figure 函数创建一个空白图形，然后使用 Figure 对象的 add_axes 方法在图形中添加坐标系。

add_axes 方法的第一个参数是一个包含 4 个元素的元组，它们分别表示坐标系与图形左边界和下边界之间的距离，以及坐标系的宽度和高度。将整个图形的宽度和高度看作 1，

4 个元素都是基于图形整体尺寸的比值，都表示为小数形式。

下面的代码将控制坐标系位置和大小的 4 个值存储到一个变量中，然后将该变量作为 add_axes 方法的参数，将创建如图 4-5 所示的坐标系。

```python
import matplotlib.pyplot as plt
rect = 0.1, 0.1, 0.6, 0.6
fig = plt.figure()
ax = fig.add_axes(rect)
plt.show()
```

如果想让坐标系显示在图形的正中间，则需要分别使用 1 减去元组中的第 3 个元素和第 4 个元素的值，然后将结果除以 2，得到的就是第 1 个元素和第 2 个元素的值。将上面的代码修改为以下形式，可将坐标系放置到图形的正中间，如图 4-6 所示。

```python
import matplotlib.pyplot as plt
rect = 0.2, 0.2, 0.6, 0.6
fig = plt.figure()
ax = fig.add_axes(rect)
plt.show()
```

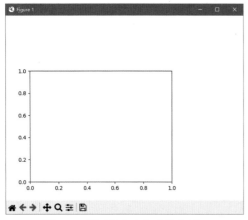 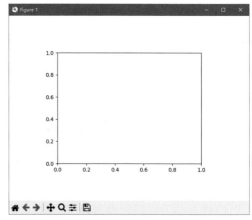

图 4-5　灵活指定坐标系的位置　　　　图 4-6　将坐标系放置到图形的正中间

4.1.6　引用特定的坐标系

在一个图形中创建多个坐标系之后，如需在某个坐标系中绘制图表，需要先引用该坐标系。如果多个坐标系只位于一行或一列中，则可以使用单个数字作为索引来引用特定的坐标系，并将索引放在一对中括号中。第一个坐标系的索引是 0。

下面的代码在图形中创建两个坐标系，然后引用第二个坐标系，并在其中绘制图表，如图 4-7 所示。

```
import matplotlib.pyplot as plt
x = range(1, 7)
fig, axs = plt.subplots(1, 2)
axs[1].plot(x, x)
plt.show()
```

如果多个坐标系位于多行多列中，则需要使用类似于描述一个点的坐标的方式来引用坐标系，即在中括号中同时给出坐标系所在的行索引和列索引。例如，如果将一个图形划分为 2 行 3 列，则下面的代码将引用位于第 1 行第 2 列的坐标系，并在其中绘制一个图表，如图 4-8 所示。

```
ax[0, 1].plot(x, y)
```

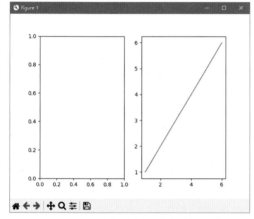

图 4-7　在指定的坐标系中绘制图表

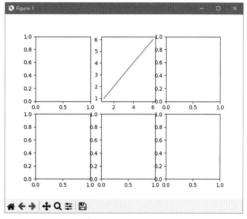

图 4-8　引用多行多列中的特定图表

4.1.7　在窗口中显示图形

在 Matplotlib 中显示图表的具体方式由称为后端的 backend 控制。如果编写 Python 代码的环境是 Jupyter 或其他类似的工具，则在运行代码时，这类工具会自动以嵌入的方式显示创建的图形。如果使用 Python 内置的 IDLE 或其他类似的工具编写 Python 代码，则在运行代码时，需要显式调用 pyplot 模块中的 show 函数或 Figure 对象的 show 方法，才会在独立的窗口中显示创建的图形。

当只创建了一个图形时，pyplot 模块中的 show 函数和 Figure 对象的 show 方法具有相同的功能；当创建了多个图形时，pyplot 模块中的 show 函数会在不同的窗口中显示所有图形，而 Figure 对象的 show 方法只显示与 Figure 对象关联的图形。

本书创建的所有 Matplotlib 图形都显示在独立的窗口中。这类窗口有自己的工具栏，其中的命令用于在窗口中查看和移动图表，以及将图形以图片文件的形式保存到计算机中，如图 4-9 所示。

图 4-9　窗口工具栏

4.2　设置图形的外观

图形的外观涉及尺寸、分辨率、背景色、边框线及其颜色等多个方面。创建图形时，可以通过向函数传递参数的方式来设置图形的外观。创建图形后，可以使用 Figure 对象的方法更改图形的外观。本节将同时介绍使用这两种方式设置图形外观的方法。

4.2.1　设置图形的尺寸和分辨率

创建空白图形时，其宽度默认为 6.4 英寸，高度默认为 4.8 英寸，分辨率默认为 100dpi（像素点数 / 英寸），图形在屏幕中的大小是 640 像素 ×480 像素。如需自定义图形的尺寸和分辨率，可以为 figure 函数指定 figsize 和 dpi 两个参数。figsize 参数的值是一个包含两个元素的元组。

下面的代码将创建一个空白图形，将其宽度设置为 6 英寸，将高度设置为 3 英寸，将分辨率设置为 150dpi。创建的图形如图 4-10 所示。

```
import matplotlib.pyplot as plt
fig = plt.figure(figsize=(6, 3), dpi=150)
plt.show()
```

图 4-10　创建图形时设置尺寸和分辨率

如果使用 subplots 函数同时创建了图形和坐标系，则可以在创建它们后，使用 Figure 对象的 set_size_inches 和 set_dpi 两个方法来修改图形的尺寸和分辨率。下面的代码先创建带有一个坐标系的图形，然后将该图形的宽度设置为 6 英寸，将高度设置为 3 英寸，将分辨率设置为 150dpi，如图 4-11 所示。

```
import matplotlib.pyplot as plt
fig, ax = plt.subplots()
fig.set_size_inches(6, 3)
fig.set_dpi(150)
plt.show()
```

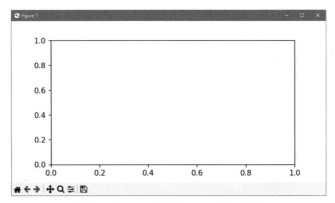

图 4-11　创建图形后修改尺寸和分辨率

4.2.2　设置图形的背景色

图形的背景色是指除了坐标系占据的区域之外的图形其他部分的颜色。如需设置图形的背景色，可以在创建图形时指定 facecolor 参数，或使用 Figure 对象的 set_facecolor 方法。下面的代码在使用 figure 函数创建空白图形时，使用 facecolor 参数将图形的背景色设置为红色，如图 4-12 所示。

```
import matplotlib.pyplot as plt
fig = plt.figure(facecolor=('r'))
plt.show()
```

红色

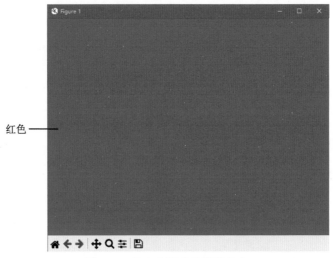

图 4-12　为空白图形设置背景色

下面的代码在使用 subplots 函数创建带有一个坐标系的图形时，将图形的背景色设置为红色，如图 4-13 所示。

```
import matplotlib.pyplot as plt
fig, ax = plt.subplots(facecolor=(1, 0, 0))
plt.show()
```

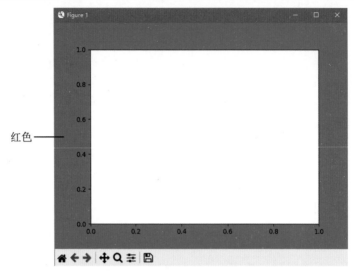

图 4-13　为带有一个坐标系的图形设置背景色

下面的代码先创建一个带有坐标系的图形，然后将图形的背景色设置为半透明的红色，如图 4-14 所示。

```
import matplotlib.pyplot as plt
fig, ax = plt.subplots()
fig.set_facecolor((1, 0, 0, 0.5))
plt.show()
```

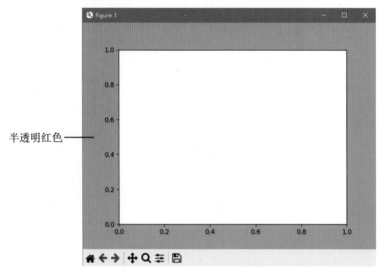

图 4-14　为背景色添加透明度

前几个示例演示了在 Matplotlib 中设置颜色常用的几种格式：

- 以字符串形式使用单个英文字母指定常用的颜色，例如 r 表示红色，g 表示绿色，b 表示蓝色，y 表示黄色。
- 以元组形式指定红、绿、蓝 3 个颜色分量，每个值都是 0 ～ 1 的小数，例如 (1,0,0)。
- 以元组形式指定红、绿、蓝 3 个颜色分量和透明度，每个值都是 0 ～ 1 的小数，第 4 个值表示透明度，0 表示完全透明，1 表示完全不透明，例如 (1,0,0,0.5)。

4.2.3　设置图形的边框线

图形的边框线是围绕在图形边界的线条，与图形边框线有关的设置有以下 3 个：

- 是否绘制边框：使用 frameon 参数或 set_frameon 方法进行设置，为 True 将绘制边框线，为 False 将不绘制边框线，默认为 True。
- 边框线的宽度：使用 linewidth 参数或 set_linewidth 方法进行设置，使用一个数字表示边框线的宽度。
- 边框线的颜色：使用 edgecolor 参数或 set_edgecolor 方法进行设置。

下面的代码是使用 subplots 函数创建带有两个坐标系的图形，并将图形的边框线的宽度设置为 6 像素，将边框线的颜色设置为黑色，如图 4-15 所示。

```python
import matplotlib.pyplot as plt
fig, ax = plt.subplots(1, 2, edgecolor=('k'), linewidth=6)
plt.show()
```

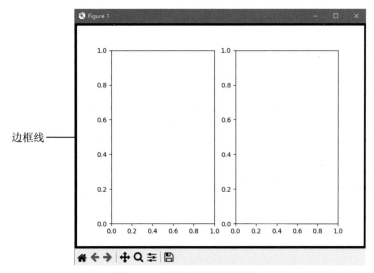

图 4-15　设置图形的边框线

提示：黑色（black）使用字母 k 表示，因为字母 b 已被蓝色（blue）占用。

下面的代码实现相同的功能，但是使用的是 Figure 对象的 set_edgecolor 和 set_linewidth 方法。

```
import matplotlib.pyplot as plt
fig, ax = plt.subplots(1, 2)
fig.set_edgecolor('k')
fig.set_linewidth(6)
plt.show()
```

4.2.4 让所有图表填满图形

本章前面示例中的图表与图形边界之间留有较大的缝隙，为了让图表尽可能地填满整个图形并保持较小的缝隙，可以使用 layout 参数或 set_tight_layout 方法，并将它们设置为 True，代码如下：

```
import matplotlib.pyplot as plt
fig, ax = plt.subplots(2, 3, layout='tight')
plt.show()
```

或

```
import matplotlib.pyplot as plt
fig, ax = plt.subplots(2, 3)
fig.set_tight_layout(True)
plt.show()
```

如图 4-16 所示是将所有图表填满图形之前和之后的效果。

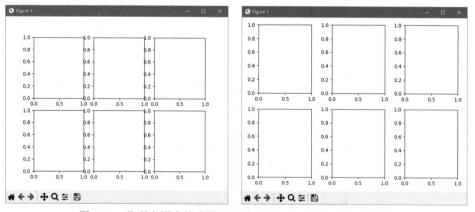

图 4-16　将所有图表填满图形之前（左）和之后（右）的效果

如需让图表完全填满图形，可以使用 layout 参数或 set_constrained_layout 方法，并将它们设置为 True，如图 4-17 所示。

```
import matplotlib.pyplot as plt
fig, ax = plt.subplots(2, 3, layout='constrained')
plt.show()
```

或

```
import matplotlib.pyplot as plt
fig, ax = plt.subplots(2, 3)
fig.set_constrained_layout(True)
plt.show()
```

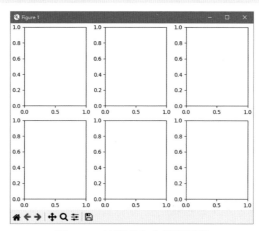

图 4-17　让图表完全填满图形

4.3　设置坐标轴

在组成图表的所有元素中，坐标轴是最重要的元素之一，它为绘制到图表中的数据提供了分类和数值信息。每个坐标系都有两个或更多个坐标轴，本书只讨论两个坐标轴的情况。创建图表时，Matplotlib 会为每个坐标轴指定默认的刻度范围，并添加刻度线和刻度标签。根据实际需求，可以随时更改这些设置。此外，为了使坐标轴的含义更清晰，通常需要为坐标轴添加标题。

4.3.1　添加坐标轴标题

为了使坐标轴的含义更清晰，通常需要为坐标轴添加标题。使用 pyplot 模块中的 xlabel 和 ylabel 函数，或使用 Axes 对象的 set_xlabel 和 set_ylabel 方法，可以为 x 轴和 y 轴添加标题。

下面的代码将创建如图 4-18 所示的图表，由于 x 轴和 y 轴都没有标题，所以不知道两个坐标轴的数据表示的是什么。

```python
import matplotlib.pyplot as plt
import numpy as np
x = range(1, 13)
np.random.seed(10)
y = np.random.randint(10, 100, 12)
fig, ax = plt.subplots()
ax.plot(x, y)
plt.show()
```

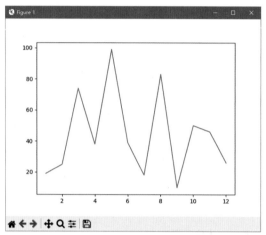

图 4-18　没有标题的坐标轴

提示：本例使用 numpy 库中的 randint 函数自动生成 10 ～ 100 的随机整数，所以需要在代码的开头导入该库。np.random.seed(10) 这条语句是为了每次运行代码时，都能生成完全相同的随机数。可以将括号中的 10 替换为任意数字，使用同一个数字可以获得相同的随机数。

下面的代码是使用 Axes 对象的 set_xlabel 方法，将 x 轴的标题设置为"月份"，使用 set_ylabel 方法将 y 轴的标题设置为"数量"，此时坐标轴的含义变得非常明确，如图 4-19 所示。

```python
import matplotlib as mpl
import matplotlib.pyplot as plt
import numpy as np
mpl.rcParams['font.sans-serif'] = 'SimSun'
x = range(1, 13)
np.random.seed(10)
y = np.random.randint(10, 100, 12)
fig, ax = plt.subplots()
ax.plot(x, y)
ax.set_xlabel(' 月份 ')
ax.set_ylabel(' 数量 ')
plt.show()
```

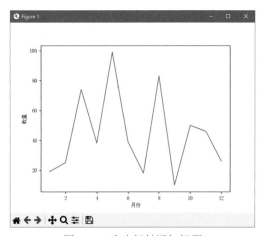

图 4-19　为坐标轴添加标题

使用 pyplot 模块中的 xlabel 和 ylabel 函数也可以实现相同的功能：

```
plt.xlabel('月份')
plt.ylabel('数量')
```

x 轴和 y 轴的标题默认显示在图表的底部和左侧。使用 Axis 对象的 set_label_position 方法可以更改标题的位置。为了获得对 x 轴和 y 轴的引用，需要使用 Axes 对象的 xaxis 和 yaxis 属性。下面的代码将 x 轴标题显示在图表的顶部，将 y 轴标题显示在图表的右侧，如图 4-20 所示。

```
ax.xaxis.set_label_position('top')
ax.yaxis.set_label_position('right')
```

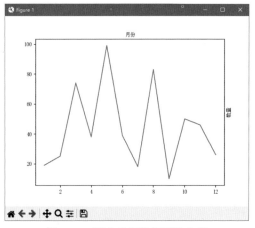

图 4-20　更改坐标轴标题的位置

将 set_label_position 方法的参数分别设置为 bottom 和 left，可以将 x 轴和 y 轴的标题显示到图表的底部和左侧。

4.3.2 更改坐标轴的取值范围

在 Matplotlib 中创建坐标系的 x 轴和 y 轴的取值范围默认为 0 ~ 1。创建图表时，Matplotlib 会根据数据中的最小值和最大值，自动调整坐标轴的取值范围。为了使数据在图表上呈现更好的效果，有时可能需要手动更改坐标轴的取值范围。如需更改坐标轴的取值范围，可以使用 pyplot 模块中的 xlim 和 ylim 函数，或使用 Axes 对象的 set_xlim 和 set_ylim 方法。

下面的代码是使用 xlim 函数将 x 轴的取值范围设置为 1 ~ 6，使用 ylim 函数将 y 轴的取值范围设置为 10 ~ 100，如图 4-21 所示。

```python
import matplotlib.pyplot as plt
fig, ax = plt.subplots()
plt.xlim(1, 6)
plt.ylim(10, 100)
plt.show()
```

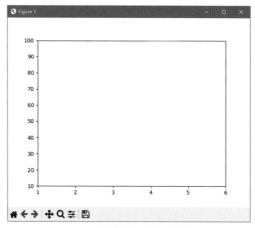

图 4-21　设置坐标轴的取值范围

下面的代码实现相同的功能，但是使用的是 Axes 对象的 set_xlim 和 set_ylim 方法。

```python
import matplotlib.pyplot as plt
fig, ax = plt.subplots()
ax.set_xlim(1, 6)
ax.set_ylim(10, 100)
plt.show()
```

4.3.3 设置坐标轴的刻度及其标签

4.3.1 小节创建的图表中的坐标轴刻度不是连续的，x 轴的刻度是 2、4、6、8、10 和 12，y 轴也是类似的情况。如果希望 x 轴的刻度按照 1、2、3、4、5 等连续数字的方式显示，则需要更改坐标轴的刻度。

使用 pyplot 模块中的 xticks 函数和 yticks 函数，或 Axis 对象的 set_ticks 方法，可以更改坐标轴的刻度。下面的代码是使用 xticks 函数和 yticks 函数分别将 x 轴和 y 轴的刻度细化显示，如图 4-22 所示。

```python
import matplotlib.pyplot as plt
import numpy as np
x = range(1, 13)
np.random.seed(10)
y = np.random.randint(10, 100, 12)
fig, ax = plt.subplots()
ax.plot(x, y)
plt.xticks(x)
plt.yticks(range(10, 101, 10))
plt.show()
```

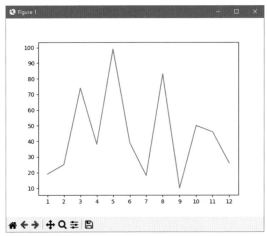

图 4-22 设置坐标轴的刻度

使用 Axis 对象的 set_ticks 方法可以实现相同的功能，但是需要先使用 Axes 对象的 xaxis 属性和 yaxis 属性分别引用 x 轴和 y 轴，然后再使用 set_ticks 方法设置 x 轴和 y 轴的刻度。

```python
ax.xaxis.set_ticks(x)
ax.yaxis.set_ticks(range(10, 101, 10))
```

无论是 xticks 函数和 yticks 函数，还是 set_ticks 方法，上面的示例都只为它们指定了第一个参数。它们还有一个关键字参数 labels，用于设置刻度的标签，即显示在刻度旁边的数字或文字。下面的代码将 x 轴的刻度标签设置为 1 月、2 月、3 月……12 月的形式，如图 4-23 所示。

```python
import matplotlib as mpl
```

```
import matplotlib.pyplot as plt
import numpy as np
mpl.rcParams['font.sans-serif'] = 'SimSun'
x = range(1, 13)
date = []
for d in x:
    date.append(str(d) + '月')
np.random.seed(10)
y = np.random.randint(10, 100, 12)
fig, ax = plt.subplots()
ax.plot(x, y)
ax.xaxis.set_ticks(x, date)
ax.yaxis.set_ticks(range(10, 101, 10))
plt.show()
```

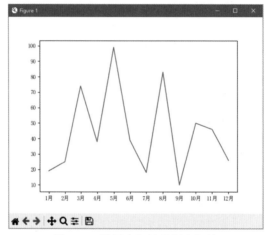

图 4-23　设置坐标轴的刻度标签

如果想要减少代码的行数，可以使用列表推导式代替 for 循环语句，修改后的代码如下：

```
import matplotlib as mpl
import matplotlib.pyplot as plt
import numpy as np
mpl.rcParams['font.sans-serif'] = 'SimSun'
x = range(1, 13)
date = [str(d) + '月' for d in x]
np.random.seed(10)
y = np.random.randint(10, 100, 12)
fig, ax = plt.subplots()
ax.plot(x, y)
ax.xaxis.set_ticks(x, date)
ax.yaxis.set_ticks(range(10, 101, 10))
plt.show()
```

4.4　为数据点添加注释

为了使图表中的每个数据点的值更清晰，可以为数据点添加注释。Matplotlib 中的注释有两种，一种是简单的文本，另一种带有箭头的文本。

4.4.1　为数据点添加简单的注释

使用 pyplot 模块中的 text 函数或 Axes 对象的 text 方法，可以为图表中的数据点添加简单的注释。text 函数和 text 方法的语法相同，前两个参数分别指定数据点的 xy 坐标，第三个参数指定要添加的注释。

下面的代码是使用 text 函数为图表中最大值的数据点添加"最大值"注释，如图 4-24 所示。

```
plt.text(5, 99, '最大值')
```

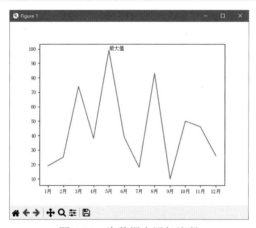

图 4-24　为数据点添加注释

本例的完整代码如下：

```
import matplotlib as mpl
import matplotlib.pyplot as plt
import numpy as np
mpl.rcParams['font.sans-serif'] = 'SimSun'
x = range(1, 13)
date = [str(d) + '月' for d in x]
np.random.seed(10)
y = np.random.randint(10, 100, 12)
fig, ax = plt.subplots()
ax.plot(x, y)
ax.xaxis.set_ticks(x, date)
```

```
ax.yaxis.set_ticks(range(10, 101, 10))
plt.text(5, 99, '最大值')
plt.show()
```

下面的代码是使用 text 方法实现相同的功能。

```
ax.text(5, 99, '最大值')
```

如需让注释与数据点水平居中对齐，可以为 text 函数或 text 方法指定 ha 参数，并将该参数的值设置为 center，如图 4-25 所示。

```
plt.text(5, 99, '最大值', ha='center')
```

或

```
ax.text(5, 99, '最大值', ha='center')
```

下面的代码为图表中的所有数据点添加注释，注释的内容是每个数据点的值，如图 4-26 所示。

```
for a, b in zip(x, y):
    ax.text(a, b, b, ha='center')
```

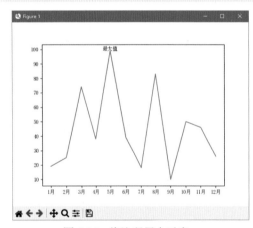

图 4-25　将注释居中对齐

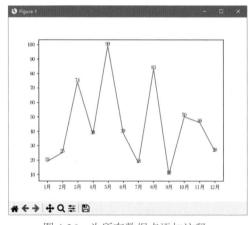

图 4-26　为所有数据点添加注释

本例的完整代码如下：

```
import matplotlib as mpl
import matplotlib.pyplot as plt
import numpy as np
mpl.rcParams['font.sans-serif'] = 'SimSun'
x = range(1, 13)
date = [str(d) + '月' for d in x]
np.random.seed(10)
y = np.random.randint(10, 100, 12)
fig, ax = plt.subplots()
```

```
ax.plot(x, y)
ax.xaxis.set_ticks(x, date)
ax.yaxis.set_ticks(range(10, 101, 10))
for x1, y1 in zip(x, y):
    ax.text(x1, y1, y1, ha='center')
plt.show()
```

4.4.2　为数据点添加带有箭头的注释

使用 pyplot 模块中的 annotate 函数或 Axes 对象的 annotate 方法，可以为图表中的数据点添加带有箭头的注释。annotate 函数和 annotate 方法的语法相同，常用的有以下几个参数：

- text：要添加的注释，不能省略该参数。
- xy：数据点的坐标，不能省略该参数。
- xytext：注释的坐标，省略该参数时，将注释添加到数据点所在的位置。
- arrowprops：箭头样式，该参数是一个字典对象，通过一组或多组"键值"对来设置箭头的样式。如果将该参数设置为空字典，则使用默认的箭头样式。省略 arrowprops 参数时不创建箭头。如果同时省略该参数和 xytext 参数，则创建的注释与使用 text 函数和 text 方法的效果相同。

下面的任意一行代码都将为最大值的数据点添加带有箭头指引的注释，如图 4-27 所示。

```
plt.annotate(' 最大值 ', (5, 99), xytext=(6, 98), arrowprops=dict())
ax.annotate(' 最大值 ', (5, 99), xytext=(6, 98), arrowprops=dict())
```

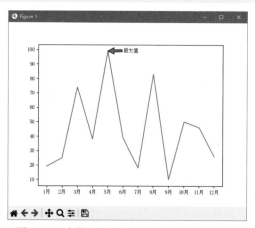

图 4-27　为数据点添加带有箭头指引的注释

本例的完整代码如下：

```
import matplotlib as mpl
import matplotlib.pyplot as plt
```

```
import numpy as np
mpl.rcParams['font.sans-serif'] = 'SimSun'
x = range(1, 13)
date = [str(d) + '月' for d in x]
np.random.seed(10)
y = np.random.randint(10, 100, 12)
fig, ax = plt.subplots()
ax.plot(x, y)
ax.xaxis.set_ticks(x, date)
ax.yaxis.set_ticks(range(10, 101, 10))
ax.annotate('最大值', (5, 99), xytext=(6, 98), arrowprops=dict())
plt.show()
```

通过为 arrowprops 参数提供"键值"对，可以更改箭头的样式。下面的代码将箭头整体变小，使其与注释的大小更匹配，如图 4-28 所示。为了缩短代码行的长度，可以使用一个变量保存用于设置箭头样式的字典，然后将该变量设置为 arrowprops 参数的值。

```
arrow = dict(headwidth=5, width=2)
ax.annotate('最大值', (5, 99), xytext=(6, 98), arrowprops=arrow)
```

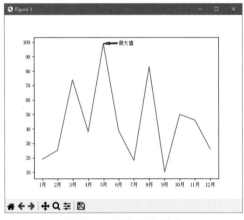

图 4-28　更改箭头样式

不仅可以使用默认的箭头，还可以使用多种类型的箭头。为此，需要向 arrowprops 参数传入 arrowstyle 键，该键的值是一个表示箭头类型的字符，如表 4-1 所示。

表 4-1　arrowprops 参数的取值

取　　值	箭头类型
-	——
->	→
<-	←

续表

取　　值	箭头类型
<->	⟷
-[	⊢[
|-|	⊢⊣
-|>	⟶
<|-	⟵
<|-|>	⟷
fancy	➡
simple	➡
wedge	➡

下面的代码使用由 "->" 创建的箭头连接注释和数据点，如图 4-29 所示。

```
arrow = dict(arrowstyle='->')
ax.annotate('最大值', (5, 99), xytext=(3, 98), arrowprops=arrow)
```

下面的代码使用由 "fancy" 创建的箭头连接注释和数据点，如图 4-30 所示。

```
arrow = dict(arrowstyle='fancy')
ax.annotate('最大值', (5, 99), xytext=(3, 98), arrowprops=arrow)
```

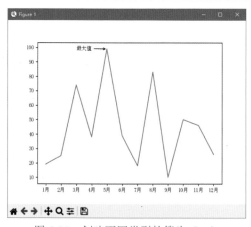
图 4-29　创建不同类型的箭头（一）

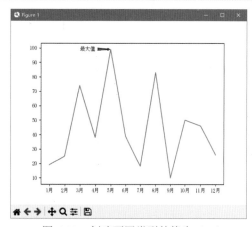
图 4-30　创建不同类型的箭头（二）

如需调整箭头与数据点的间距，可以在字典中添加 shrinkB 键，并为其设置为一个像素点数。下面的代码表示增加箭头和数据点的间距，如图 4-31 所示。

```
arrow = dict(arrowstyle='fancy', shrinkB=6)
```

```
ax.annotate(' 最大值 ', (5, 99), xytext=(3, 98), arrowprops=arrow)
```

提示：如需调整注释和箭头的间距，可以在字典中添加 shrinkA 键。

如果注释在数据点的左侧，则使用的是表 4-1 中列出的箭头方向；如果注释在数据点的右侧，则箭头将自动变成反方向的，如图 4-32 所示。

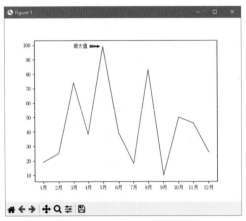

图 4-31　调整箭头与数据点的间距

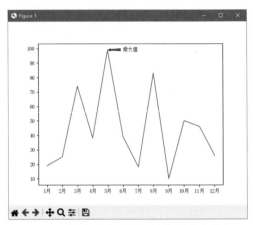

图 4-32　箭头方向随注释的位置自动改变

4.5　添加图表标题

无论在一个图形中创建多少个图表，每个图表都有只属于自己的标题。此外，一个图形中的所有图表还有一个总标题，该标题是属于整个图形的。

4.5.1　为一个图表添加标题

使用 pyplot 模块中的 title 函数或 Axes 对象的 ax.set_title 方法，可以为图表添加标题。下面的代码是使用 subplot 函数创建带有一个坐标系的图形，然后使用 title 函数为该图形中仅有的一个图表添加标题，如图 4-33 所示。

```
import matplotlib as mpl
import matplotlib.pyplot as plt
mpl.rcParams['font.sans-serif'] = 'SimSun'
fig, ax = plt.subplots()
plt.title(' 图表标题 ')
plt.show()
```

下面的代码是使用 Axes 对象的 ax.set_title 方法实现相同的功能。当一个图形中包含多个图表时，使用 ax.set_title 方法更容易处理不同的图表。

```
ax.set_title(' 图表标题 ')
```

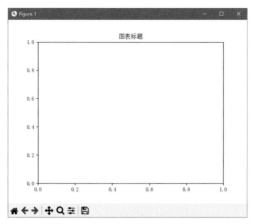

图 4-33　为一个图表添加标题

4.5.2　为多个图表添加标题

为多个图表添加标题仍然需要使用 pyplot 模块中的 title 函数或 Axes 对象的 ax.set_title 方法，只不过要考虑更多的因素。下面的代码是在一个图形中创建了 6 个图表，并使用 title 函数为每一个图表都添加了标题。

```
import matplotlib as mpl
import matplotlib.pyplot as plt
mpl.rcParams['font.sans-serif'] = 'SimSun'
fig, axs = plt.subplots(2, 3)
plt.title('图表标题')
plt.show()
```

运行程序后，只为最后一个图表添加了标题，而且图表标题与上方图表的 x 轴的刻度重叠在一起，如图 4-34 所示。

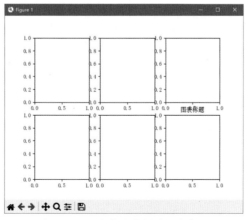

图 4-34　没有为所有图表添加标题

先解决图表标题与坐标轴重叠的问题，只需在创建图表时添加 layout 参数，并将其值设置为 constrained 或 tight，以下任意一行代码均可。

```
fig, axs = plt.subplots(2, 3, layout='constrained')
fig, axs = plt.subplots(2, 3, layout='tight')
```

接下来解决只为最后一个图表添加标题的问题。使用 pyplot 模块中的 title 函数只会为当前图表添加标题，而第 6 个图表是最后创建的，所以该图表自动成为当前图表，所有操作都默认作用于该图表。

为了为其他图表添加标题，需要依次激活这些图表，方法是使用 pyplot 模块中的 subplot 函数。4.1.4 小节介绍过使用该函数创建图表的方法，该函数的另一个功能是激活已经存在的图表，使其成为当前图表。下面的代码将激活图形中的第一个图表，并为其添加标题，如图 4-35 所示。

```
plt.subplot(231)
plt.title('图表标题')
```

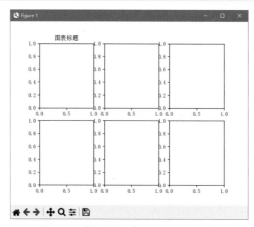

图 4-35 激活第一个图表并添加标题

根据上面的方法，可以继续为其他几个图表添加标题。

```
plt.subplot(232)
plt.title('图表标题 2')
plt.subplot(233)
plt.title('图表标题 3')
plt.subplot(234)
plt.title('图表标题 4')
plt.subplot(235)
plt.title('图表标题 5')
plt.subplot(236)
plt.title('图表标题 6')
```

由于本例中的图表标题是有规律的，所以可以编写一个 for 语句，简化添加图表标题的过程。

```
for n in range(1, 7):
    plt.subplot(int('23' + str(n)))
    plt.title('图表标题' + str(n))
```

使用 pyplot 模块中的 title 函数正确为 6 个图表添加标题的完整代码如下，结果如图 4-36 所示。

```
import matplotlib as mpl
import matplotlib.pyplot as plt
mpl.rcParams['font.sans-serif'] = 'SimSun'
fig, axs = plt.subplots(2, 3, layout='tight')
for n in range(1, 7):
    plt.subplot(int('23' + str(n)))
    plt.title('图表标题' + str(n))
plt.show()
```

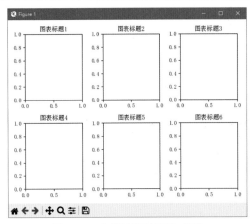

图 4-36　为所有图表添加标题

下面的代码是使用 Axes 对象的 ax.set_title 方法实现相同的功能。由于创建了 6 个图表，所以有 6 个与之关联的 Axes 对象，可以使用索引来引用不同的 Axes 对象。当需要处理多个同类对象时，使用面向对象技术可以使编写的代码逻辑更清晰。

```
import matplotlib as mpl
import matplotlib.pyplot as plt
mpl.rcParams['font.sans-serif'] = 'SimSun'
fig, axs = plt.subplots(2, 3, layout='tight')
axs[0, 0].set_title('图表标题1')
axs[0, 1].set_title('图表标题2')
axs[0, 2].set_title('图表标题3')
axs[1, 0].set_title('图表标题4')
```

```
axs[1, 1].set_title('图表标题 5')
axs[1, 2].set_title('图表标题 6')
plt.show()
```

4.5.3　为所有图表添加共同的标题

使用 pyplot 模块中的 suptitle 函数或 Figure 对象的 suptitle 方法，可以为整个图形添加标题，相当于是所有图表共同的标题。下面的代码是使用 suptitle 函数为包含 6 个图表的图形添加标题，如图 4-37 所示。

```
plt.suptitle('图形标题')
```

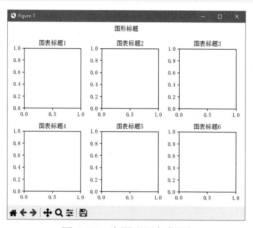

图 4-37　为图形添加标题

下面的代码是使用 Figure 对象的 suptitle 方法实现相同的功能。

```
fig.suptitle('图形标题')
```

4.5.4　设置图表标题的字体格式

无论是为图表还是图形添加标题，都可以设置标题的字体格式，包括字体、字号、字体颜色等。下面的代码是在 set_title 方法中指定 fontsize 参数，并将其值设置为 20，将图表标题的大小设置为 20 像素点数，如图 4-38 所示。

```
ax.set_title('图表标题', fontsize=20)
```

还可以指定 fontname 参数，以便为图表标题设置不同于图形中其他文本的特定字体。下面的代码是将图表标题的字体设置为楷体，如图 4-39 所示。

```
ax.set_title('图表标题', fontsize=20, fontname='KaiTi')
```

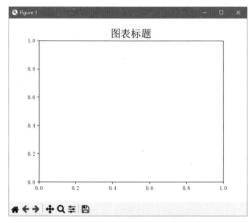

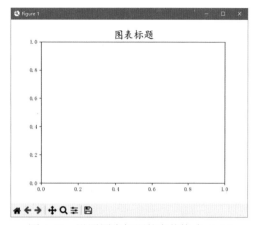

图 4-38　设置图表标题的字体格式（一）　　　图 4-39　设置图表标题的字体格式（二）

下面的代码是使用 pyplot 模块中的 title 函数实现相同的功能。

```
plt.title(' 图表标题 ', fontsize=20, fontname='KaiTi')
```

4.5.5　更改图表标题的位置

图表标题默认显示在水平居中的位置，可以将其更改为左对齐或右对齐。为了设置图表标题的位置，需要在 title 函数或 set_title 方法中指定 loc 参数，并将其值设置为以下 3 个之一：

- left：左对齐。
- center：居中对齐，如果省略 loc 参数，则默认为该选项。
- right：右对齐。

下面的两行代码分别将图表标题显示在左侧和右侧，如图 4-40 所示。

```
plt.title(' 图表标题 ', loc='left')
plt.title(' 图表标题 ', loc='right')
```

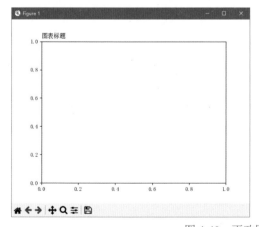

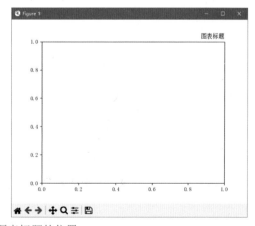

图 4-40　更改图表标题的位置

下面的代码是使用 Axes 对象的 set_title 方法实现相同的功能。

```
ax.set_title(' 图表标题 ', loc='left')
ax.set_title(' 图表标题 ', loc='right')
```

4.6　添加图例

当在图表中绘制多个线条或形状时，为了易于识别它们所表示的数据，通常需要在图表中显示图例。图例由线条或形状的外观和颜色，以及标签两个部分组成。在 Matplotlib 中可以自动显示所有图例，也可以指定要显示哪些图例并修改图例标签，还可以更改图例在图表中的位置。

4.6.1　设置图例标签

如需在图表中正常显示图例，需要在绘制图表时设置图例标签。下面的代码将创建带有一个坐标系的图表，在其中绘制两条直线，并将两条直线分别命名为"第 1 条"和"第 2 条"，如图 4-41 所示。

```
import matplotlib as mpl
import matplotlib.pyplot as plt
mpl.rcParams['font.sans-serif'] = 'SimSun'
fig, ax = plt.subplots()
ax.plot([1, 2, 3], label=' 第 1 条 ')
ax.plot([0.5, 1, 1.5], label=' 第 2 条 ')
plt.show()
```

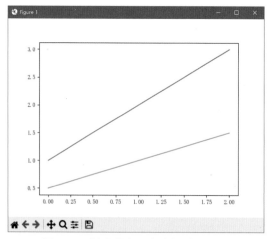

图 4-41　创建带有一个坐标系的图表

4.6.2　显示所有图例

使用 pyplot 模块中的 legend 函数或 Axes 对象的 legend 方法，可以在图表中显示图例。如需在 4.6.1 小节创建的图表中显示所有图例，可以使用不指定任何参数的 legend 函数或 legend 方法。下面的任意一行代码都将在图表中显示所有图例，如图 4-42 所示。

```
plt.legend()
ax.legend()
```

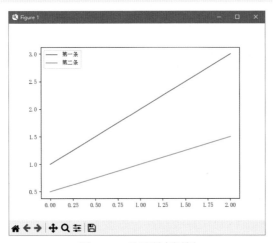

图 4-42　显示所有图例

4.6.3　指定要显示的图例

如果只想显示特定的图例而非所有图例，则可以在 legend 函数或 legend 方法中指定要显示图例的对象。为此，需要在绘制图表时，使用变量保存绘制的线条或形状。

下面的代码是使用 line1 和 line2 两个变量保存在图表中绘制的两条线，然后在 Axes 对象的 legend 方法中以列表的形式只指定第一条线对应的变量 line1，这样在图表中将只显示与其对应的图例，如图 4-43 所示。

```
import matplotlib as mpl
import matplotlib.pyplot as plt
mpl.rcParams['font.sans-serif'] = 'SimSun'
fig, ax = plt.subplots()
line1, = ax.plot([1, 2, 3], label='第一条')
line2, = ax.plot([0.5, 1, 1.5], label='第二条')
ax.legend(handles=[line1])
plt.show()
```

注意：当在 legend 函数或 legend 方法中只指定作为图例的对象时，必须使用 handles 关键字参数。

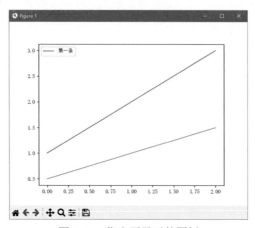

图 4-43　指定要显示的图例

4.6.4　修改图例标签

除了在绘制图表时设置图例标签之外，还可以在显示图例时，使用 legend 函数或 legend 方法修改图例标签。下面的代码是在绘制图表时，通过指定 label 参数，为每一条线设置标签。在使用 legend 方法显示图例时，在第二个参数中重新设置标签的内容，在图表中显示的图例将使用新标签代替旧标签，如图 4-44 所示。

```
import matplotlib as mpl
import matplotlib.pyplot as plt
mpl.rcParams['font.sans-serif'] = 'SimSun'
fig, ax = plt.subplots()
line1, = ax.plot([1, 2, 3], label='第一条')
line2, = ax.plot([0.5, 1, 1.5], label='第二条')
ax.legend([line1, line2], ['第一条线', '第二条线'])
plt.show()
```

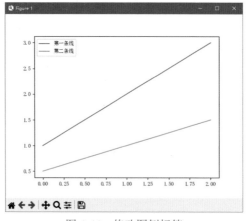

图 4-44　修改图例标签

下面的代码与上面的示例类似，唯一区别是在创建图表时没有指定标签，而是在显示图例时指定标签。

```
import matplotlib as mpl
import matplotlib.pyplot as plt
mpl.rcParams['font.sans-serif'] = 'SimSun'
fig, ax = plt.subplots()
line1, = ax.plot([1, 2, 3])
line2, = ax.plot([0.5, 1, 1.5])
ax.legend((line1, line2), ('第一条线', '第二条线'))
plt.show()
```

如果指定所有标签，则可以在 legend 函数或 legend 方法中只给出表示图例标签的参数，而省略表示绘图对象的参数。所以，上面的 legend 方法所在的代码行可以简化为以下形式：

```
ax.legend(('第一条线', '第二条线'))
```

4.6.5　更改图例的位置

通过在 legend 函数或 legend 方法中指定 loc 关键字参数，可以更改图例在图表中的位置。表 4-2 列出了可以为图例设置的 9 种位置。在代码中既可以使用第一列中的字符串，也可以使用第二列中的数字值。为了保持向后兼容性，可以使用 right 代替 center right。

表 4-2　loc 参数的取值

取　　值	位置编码	位　　置
upper right	1	右上角
upper left	2	左上角
lower left	3	左下角
lower right	4	右下角
right	5	右侧
center left	6	左侧居中
center right	7	右侧居中
lower center	8	底部居中
upper center	9	顶部居中
center	10	正中间

下面的代码将创建 9 个图表，并在这些图表中显示了图例的 9 种位置，如图 4-45 所示。

```
import matplotlib.pyplot as plt
fig, axs = plt.subplots(3, 3, layout='tight')
axs[0, 0].plot(0)
axs[0, 0].legend(labels=['upper left'], loc='upper left')
axs[0, 1].plot(0)
axs[0, 1].legend(labels=['upper center'], loc='upper center')
axs[0, 2].plot(0)
axs[0, 2].legend(labels=['upper right'], loc='upper right')
axs[1, 0].plot(0)
axs[1, 0].legend(labels=['center left'], loc='center left')
axs[1, 1].plot(0)
axs[1, 1].legend(labels=['center'], loc='center')
axs[1, 2].plot(0)
axs[1, 2].legend(labels=['center right'], loc='center right')
axs[2, 0].plot(0)
axs[2, 0].legend(labels=['lower left'], loc='lower left')
axs[2, 1].plot(0)
axs[2, 1].legend(labels=['lower center'], loc='lower center')
axs[2, 2].plot(0)
axs[2, 2].legend(labels=['lower right'], loc='lower right')
plt.show()
```

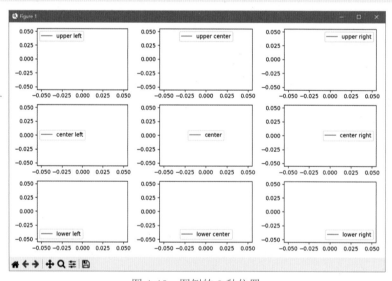

图 4-45　图例的 9 种位置

如需简化上述代码，可以使用两个 for 语句代替重复执行多次的 plot 方法和 legend 方法，代码如下：

```
import matplotlib.pyplot as plt
fig, axs = plt.subplots(3, 3, layout='tight')
upper = ['upper left', 'upper center', 'upper right']
```

```
center = ['center left', 'center', 'center right']
lower = ['lower left', 'lower center', 'lower right']
loc_all = upper + center + lower
index = 0
for x in range(3):
    for y in range(3):
        axs[x, y].plot(0)
        axs[x, y].legend(labels=[loc_all[index]], loc=loc_all[index])
        index += 1
plt.show()
```

4.7　添加网格线

网格线是从坐标轴刻度延伸至整个图表区域的水平和垂直线条，有助于更准确地观察数据点的值。在 Matplotlib 中，可以同时显示 x 轴和 y 轴的网格线，也可以只显示其中一个坐标轴的网格线，还可以设置网格线的线型、线宽和颜色。

4.7.1　在图表中显示网格线

使用 pyplot 模块中的 grid 函数或 Axes 对象的 grid 方法，可以设置图表中的网格线。如需在图表中显示默认格式的网格线，只需调用不带任何参数的 grid 函数或 grid 方法。下面的任意一行代码都将在图表中显示 x 轴和 y 轴的网格线，如图 4-46 所示。

```
plt.grid()
ax.grid()
```

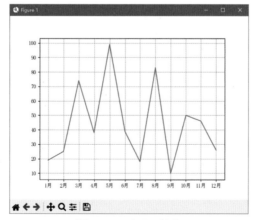

图 4-46　显示网格线

如果只想显示其中一个坐标轴的网格线，则需要在 grid 函数或 grid 方法中指定 axis

81

关键字参数。下面的任意一行代码都将只显示 x 轴的网格线，如图 4-47 所示。

```
plt.grid(axis='x')
ax.grid(axis='x')
```

下面的任意一行代码都将只显示 y 轴的网格线，如图 4-48 所示。

```
plt.grid(axis='y')
ax.grid(axis='y')
```

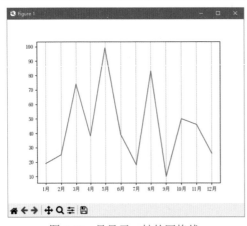 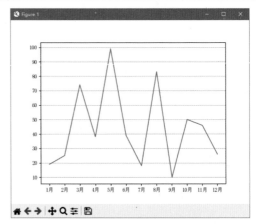

图 4-47　只显示 x 轴的网格线　　　　图 4-48　只显示 y 轴的网格线

如果在后续代码中想要重新显示 x 轴和 y 轴的网格线，则可以将 axis 参数的值设置为 both。

4.7.2　更改网格线的线条格式

网格线的线条格式包括颜色、线型和线宽等，使用 color 参数可以指定颜色，使用 linestyle 参数可以指定线型，使用 linewidth 参数可以指定线宽。下面的任意一行代码都将网格线设置为黄色。

```
plt.grid(color='y')
ax.grid(color='y')
```

下面的任意一行代码都将网格线设置为虚线，并将其宽度设置为 2 个像素点，如图 4-49 所示。

```
plt.grid(linestyle='dashed', linewidth=2)
ax.grid(linestyle='dashed', linewidth=2)
```

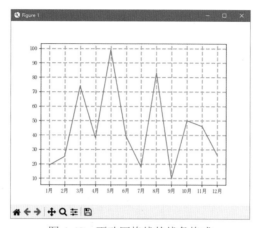

图 4-49　更改网格线的线条格式

表 4-3 列出了设置线型时可以使用的值。

表 4-3　linestyle 参数的取值

取　　值	线　　型
solid 或 -	实线
dashed 或 --	虚线
dashdot 或 -.	点画线
dotted 或 :	点线

4.8　添加参考线

参考线是从 x 轴的任意位置沿垂直方向延伸，或从 y 轴的任意位置沿水平方向延伸出的线条。与网格线不同，参考线不一定必须从刻度延伸，而可以从刻度范围内的任意值延伸。

4.8.1　在图表中添加参考线

使用 pyplot 模块中的 axhline 和 axvline 函数，或 Axes 对象的 axhline 和 axvline 方法，可以在图表中添加参考线。axhline 函数和 axhline 方法的第一个参数表示 y 轴的某个刻度值，将从该值所在的位置添加一条水平参考线。axvline 函数和 axvline 方法的第一个参数表示 x 轴的某个刻度值，将从该值所在的位置添加一条垂直参考线。

下面的任意一行代码都将在 y 轴上的数字 60 所在的位置添加一条水平参考线，如图 4-50 所示。

```
plt.axhline(60)
ax.axhline(60)
```

下面的任意一行代码都将在 x 轴上的 8 月所在的位置添加一条垂直参考线，如图 4-51
所示。虽然 x 轴的刻度显示为"数字＋月"的形式，但是不能将这种格式设置为参数的
值，而是需要指定刻度的真实值，而非经过格式化后的显示值。

```
plt.axvline(8)
ax.axvline(8)
```

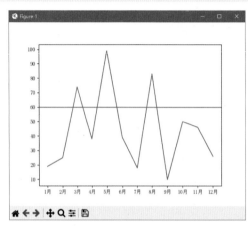

图 4-50　添加水平参考线

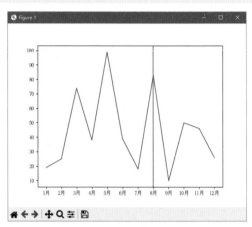

图 4-51　添加垂直参考线

4.8.2　更改参考线的线条格式

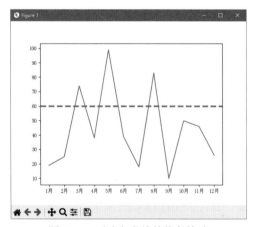

图 4-52　更改参考线的线条格式

与设置网格线的线条格式类似，为参考线
也可以设置线条的颜色、线型和线宽等格式，
使用的参数和方法相同。下面的任意一行代码
都将 y 轴的参考线设置为虚线，将线宽设置为
3 个像素点，如图 4-52 所示。

```
plt.axhline(60, linestyle='--', linewidth=3)
ax.axhline(60, linestyle='--', linewidth=3)
```

为参考线设置线型的参数值与表 4-3 中列
出的相同。在 Matplotlib 中，为不同对象进
行的同一种设置所使用的参数值都是相似或
完全相同的，除了此处的线型，还有线宽、
颜色等。

4.9　将图表保存为图片文件

使用 pyplot 模块中的 savefig 函数或 Figure 对象的 savefig 方法，可以将创建的图表以图片文件的形式保存到计算机中，保存时可以设置图片的保存位置、文件格式和分辨率。

4.9.1　将图表保存到指定位置

将图表保存为图片文件时，savefig 函数或 Figure 对象的 savefig 方法的第一个参数用于指定图片文件的路径和名称。如果指定的文件名包含扩展名，则会将图标保存为与扩展名对应的图片文件类型；如果指定的文件名不包含扩展名，则默认保存为 png 类型的图片文件。

下面的代码将当前图表以"图表测试"作为名称，保存到"E:\ 测试数据 \Python"文件夹中。由于没有为文件名提供扩展名，所以默认保存为 png 文件类型，最终创建的图片文件的名称是"图表测试 .png"，如图 4-53 所示。

```
plt.savefig('E:\\ 测试数据 \\Python\\ 图表测试 ')
```

图 4-53　将图表保存为图片文件

下面的代码是使用 Figure 对象的 savefig 方法实现相同的功能，它将 fig 变量引用的图表保存为图片文件。

```
fig.savefig('E:\\ 测试数据 \\Python\\ 图表测试 ')
```

下面的代码为文件名提供了扩展名".jpg"，所以会将图表保存为 jpg 文件类型。

```
fig.savefig('E:\\ 测试数据 \\Python\\ 图表测试 .jpg')
```

4.9.2　设置图片的分辨率

将图表保存为图片文件时，默认使用图形的分辨率作为图片文件的分辨率。如果在 savefig 函数或 savefig 方法中指定 dpi 参数，则可以为图片文件设置一个与图形不同的分辨率。下面的代码将图片保存到图片文件的分辨率设置为 200dpi。

```
fig.savefig('E:\\ 测试数据 \\Python\\ 图表测试 .jpg', dpi=200)
```

图表所在的图形是按照默认尺寸创建的，即 6.4 英寸 ×4.8 英寸，分辨率为 200dpi，则图片文件的分辨率就是 1280 像素 ×960 像素。进入图片所在的文件夹，右击图片并选择"属性"命令，然后在打开的对话框中可以查看图片的分辨率，如图 4-54 所示。

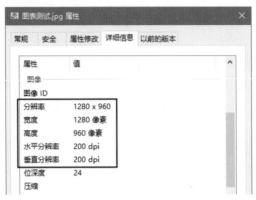

图 4-54　查看图片的分辨率

4.10　为整个图形选择一种主题风格

如果想要快速改变整个图形的外观，一种简单有效的方法是使用 Matplotlib 提供的主题风格。为了给图形设置一种主题风格，需要使用 Matplotlib 的 style 模块中的 use 函数，将主题风格的名称以字符串格式作为参数传递给 use 函数。

下面的代码将列出 Matplotlib 提供的所有主题风格的名称。

```
import matplotlib.style as sty
print(sty.available)
```

代码的运行结果如下，不同的 Python 版本可能会略有区别。从主题风格的名称可以看出，很多主题风格都来自于其他可视化库，例如 Seaborn。

```
['Solarize_Light2', '_classic_test_patch', '_mpl-gallery', '_mpl-gallery-nogrid',
'bmh', 'classic', 'dark_background', 'fast', 'fivethirtyeight', 'ggplot', 'grayscale',
'seaborn-v0_8', 'seaborn-v0_8-bright', 'seaborn-v0_8-colorblind', 'seaborn-v0_8-
dark', 'seaborn-v0_8-dark-palette', 'seaborn-v0_8-darkgrid', 'seaborn-v0_8-deep',
'seaborn-v0_8-muted', 'seaborn-v0_8-notebook', 'seaborn-v0_8-paper', 'seaborn-v0_8-
pastel', 'seaborn-v0_8-poster', 'seaborn-v0_8-talk', 'seaborn-v0_8-ticks', 'seaborn-
v0_8-white', 'seaborn-v0_8-whitegrid', 'tableau-colorblind10']
```

有了主题风格的名称，为 Matplotlib 图形设置主题风格就很容易了。下面的代码为创建的柱形图设置名为"_mpl-gallery"的主题风格，如图 4-55 所示。为了使主题风格生效，需要将设置主题风格的代码放在创建图表的代码之前。

```python
import matplotlib.pyplot as plt
import matplotlib.style as sty
sty.use('_mpl-gallery')
x = range(1, 7)
height = [20, 50, 90, 60, 30, 70]
fig, ax = plt.subplots()
ax.bar(x, height)
plt.show()
```

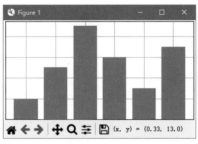

图 4-55　设置主题风格

将主题风格设置为"seaborn-v0_8"的效果如图 4-56 所示。

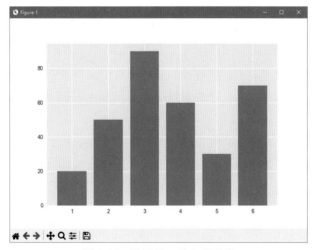

图 4-56　设置另一种主题风格

第 5 章

使用Matplotlib创建不同类型的图表

在 Matplotlib 的 pyplot 模块中包含大量用于绘制不同类型图表的函数，Axes 对象也包含与这些函数同名的方法来实现相同的功能。在使用 Axes 对象的方法创建图表之前，需要先创建图形和坐标系，使用 pyplot 模块中的函数则不需要创建它们，而是直接创建图表，这是两种方法在编写代码时的主要区别。本章将以使用 Axes 对象的方法为主，介绍创建不同类型图表的方法。用于创建每种图表的方法都包含很多参数，由于篇幅所限，所以只介绍其中最重要的和比较常用的参数。

5.1　创建柱形图

柱形图用于比较数据之间的差异。如需创建柱形图，可以使用 pyplot 模块中的 bar 函数或 Axes 对象的 bar 方法，它们的用法相同。

5.1.1　创建基本柱形图

创建柱形图时，必须指定 bar 函数或 bar 方法的前两个参数，第一个参数 x 表示每个柱形的 x 轴坐标，第二个参数 height 表示每个柱形的高度，即 y 轴坐标。其他参数都是关键字参数。

下面的代码是使用 Axes 对象的 bar 方法创建如图 5-1 所示的柱形图，变量 x 定义每个柱形在 x 轴上的位置，变量 height 定义每个柱形的高度，即每个柱形在 y 轴上的位置。

```
import matplotlib.pyplot as plt
x = range(1, 7)
height = [20, 50, 90, 60, 30, 70]
fig, ax = plt.subplots()
ax.bar(x, height)
plt.show()
```

下面的代码是使用 pyplot 模块中的 bar 函数实现相同的功能。由于 pyplot 模块中用于创建图表的函数与 Axes 对象的同名方法具有完全相同的功能，编写的代码几乎一样，所以后续创建图表时，将不再重复给出使用 pyplot 模块中的函数创建图表的代码。

```
import matplotlib.pyplot as plt
x = range(1, 7)
height = [20, 50, 90, 60, 30, 70]
plt.bar(x, height)
plt.show()
```

为了使 y 轴刻度更精确，可以调整坐标轴刻度，修改后的代码如下，调整 y 轴刻度后的柱形图如图 5-2 所示。

```
import matplotlib.pyplot as plt
x = range(1, 7)
height = [20, 50, 90, 60, 30, 70]
fig, ax = plt.subplots()
ax.bar(x, height)
ax.yaxis.set_ticks(range(0, 101, 10))
plt.show()
```

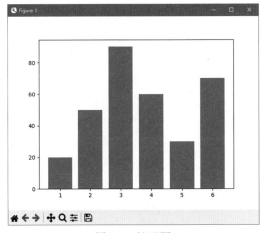
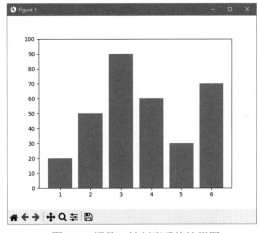

图 5-1　柱形图　　　　　　　　　图 5-2　调整 y 轴刻度后的柱形图

前面创建的柱形图的柱形宽度使用的是默认值。如需改变柱形的宽度，可以在 bar 函数或 bar 方法中指定 width 参数，其默认值为 0.8。下面的代码将柱形图的柱形宽度设置为 0.5，如图 5-3 所示。

```
import matplotlib.pyplot as plt
x = range(1, 7)
height = [20, 50, 90, 60, 30, 70]
fig, ax = plt.subplots()
ax.bar(x, height, width=0.5)
ax.yaxis.set_ticks(range(0, 101, 10))
plt.show()
```

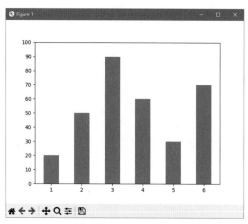

图 5-3 改变柱形的宽度

5.1.2 创建堆积柱形图

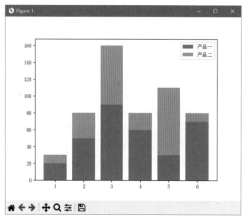

图 5-4 堆积柱形图

堆积柱形图是指两组数据在每个柱形上堆叠在一起，为 bar 函数或 bar 方法指定 bottom 参数，将创建堆积柱形图。堆积柱形图中的两组数据具有相同的 x 轴坐标，其中一组数据的 y 轴坐标由 bottom 参数指定，该组数据将位于每个柱形的底部，另一组数据位于每个柱形的顶部。

下面的代码使用两组数据创建堆积柱形图，第一组数据位于每个柱形的底部，第二组数据位于每个柱形的顶部，为了使每组数据的含义更清晰，将图例显示在图表的右上角，如图 5-4 所示。

```python
import matplotlib as mpl
import matplotlib.pyplot as plt
mpl.rcParams['font.sans-serif'] = 'SimSun'
x = range(1, 7)
y1 = [20, 50, 90, 60, 30, 70]
y2 = [10, 30, 70, 20, 80, 10]
fig, ax = plt.subplots()
ax.bar(x, y1, label='产品一')
ax.bar(x, y2, bottom=y1, label='产品二')
ax.legend(loc='upper right')
plt.show()
```

5.1.3　创建并列柱形图

并列柱形图是指两组数据中位于相同位置上的两项数据的两个柱形紧挨在一起。创建并列柱形图的关键是第二组数据的每个柱形的 x 轴坐标，需要通过对第一组数据的 x 轴坐标与该组数据的每个柱形的宽度进行求和来得到。

下面的代码使用两组数据创建如图 5-5 所示的并列柱形图。每组数据的柱形的宽度都是 0.4，第二组数据的 x 轴坐标由第一组数据的 x 轴坐标加上 0.4 后计算得到，这样可以确保第二组柱形会紧挨在第一组柱形之后。

```python
import matplotlib as mpl
import matplotlib.pyplot as plt
mpl.rcParams['font.sans-serif'] = 'SimSun'
x1 = range(1, 7)
x2 = [x + 0.4 for x in x1]
y1 = [20, 50, 90, 60, 30, 70]
y2 = [10, 30, 70, 20, 80, 10]
fig, ax = plt.subplots()
ax.bar(x1, y1, width=0.4, label='产品一')
ax.bar(x2, y2, width=0.4, label='产品二')
ax.legend(loc='upper left')
plt.show()
```

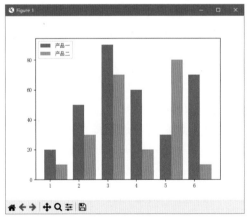

图 5-5　并列柱形图

为了让每一组中的两个柱形对齐于刻度的两侧，需要将第一组柱形的右边缘与刻度对齐，将第二组柱形的左边缘与刻度对齐。为此，需要指定 align 参数，将其值设置为 edge，表示将柱形的左边缘与刻度对齐。为了让柱形的右边缘与刻度对齐，需要将 align 参数设置为 edge，同时将 width 参数设置为负值。创建后的柱形图如图 5-6 所示。

```python
import matplotlib as mpl
import matplotlib.pyplot as plt
```

```
mpl.rcParams['font.sans-serif'] = 'SimSun'
x1 = range(1, 7)
x2 = x1
y1 = [20, 50, 90, 60, 30, 70]
y2 = [10, 30, 70, 20, 80, 10]
fig, ax = plt.subplots()
ax.bar(x1, y1, width=-0.4, align='edge', label='产品一')
ax.bar(x2, y2, width=0.4, align='edge', label='产品二')
ax.legend(loc='upper left')
plt.show()
```

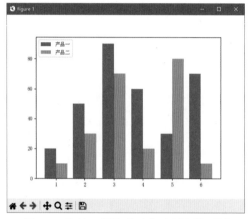

图 5-6　将每一组柱形对齐于刻度的两侧

5.1.4　为柱形设置不同的颜色

在 bar 函数或 bar 方法中指定 color 参数，可以为柱形设置相同或不同的颜色。如果将该参数设置为一个表示颜色的值，则所有柱形都具有相同的颜色。如果将该参数设置为包含多个颜色值的列表，则每个柱形都将设置为不同的颜色。

下面的代码将 color 参数设置为一个包含 6 种颜色的列表，这些颜色值使用的是表示颜色的单个字符 r、g、b、c、m 和 y，创建的柱形图中的 6 个柱形被设置为 6 种不同的颜色，如图 5-7 所示。

```
import matplotlib.pyplot as plt
x = range(1, 7)
height = [20, 50, 90, 60, 30, 70]
color = list('rgbcmy')
fig, ax = plt.subplots()
ax.bar(x, height, color=color)
plt.show()
```

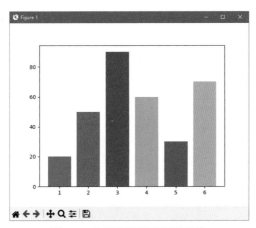

图 5-7　为柱形设置不同的颜色

5.2　创建条形图

如需创建条形图，可以使用 pyplot 模块中的 barh 函数或 Axes 对象的 barh 方法。可以将条形图看作水平方向的柱形图，从函数或方法的名称可以看出，它们是在 bar 的结尾添加了一个字母 h，该字母表示水平方向。

5.2.1　创建基本条形图

barh 函数或 barh 方法的用法与 bar 函数或 bar 方法类似，只不过第一个参数表示 y 轴坐标，第二个参数表示条形的宽度，即 x 轴的坐标。下面的代码是使用 Axes 对象的 barh 方法创建如图 5-8 所示的条形图。

```
import matplotlib.pyplot as plt
y = range(1, 7)
width = [20, 50, 90, 60, 30, 70]
fig, ax = plt.subplots()
ax.barh(y, width)
ax.xaxis.set_ticks(range(0, 101, 10))
plt.show()
```

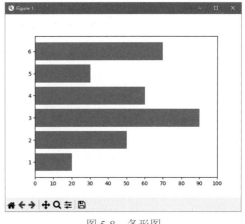

图 5-8　条形图

5.2.2　创建堆积条形图

为 barh 函数或 barh 方法指定 left 参数，将创建堆积条形图。堆积条形图中的两组数据具有相同的 y 轴坐标，其中一组数据的 x 轴坐标由 left 参数指定，该组数据位于每个条形的最左侧，另一组数据位于每个条形的右侧。下面的代码使用两组数据创建如图 5-9 所示的堆积条形图。

```
import matplotlib as mpl
import matplotlib.pyplot as plt
mpl.rcParams['font.sans-serif'] = 'SimSun'
y = range(1, 7)
x1 = [20, 50, 90, 60, 30, 70]
x2 = [10, 30, 70, 20, 80, 10]
fig, ax = plt.subplots()
ax.barh(y, x1, label='产品一')
ax.barh(y, x2, left=x1, label='产品二')
ax.legend(loc='upper right')
plt.show()
```

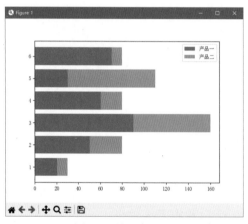

图 5-9　堆积条形图

5.2.3　创建并列条形图

创建并列条形图的关键是第二组数据的每个条形的 y 轴坐标，需要通过对第一组数据的 y 轴坐标与该组数据的每个条形的高度进行求和来得到。

下面的代码是使用两组数据创建如图 5-10 所示的并列条形图。每组数据的条形的高度都是 0.4，第二组数据的 y 轴坐标由第一组数据的 y 轴坐标加上 0.4 后计算得到的，这样可以确保第二组条形会紧挨在第一组条形之后。

```
import matplotlib as mpl
import matplotlib.pyplot as plt
mpl.rcParams['font.sans-serif'] = 'SimSun'
y1 = range(1, 7)
```

```
y2 = [y + 0.4 for y in y1]
x1 = [20, 50, 90, 60, 30, 70]
x2 = [10, 30, 70, 20, 80, 10]
fig, ax = plt.subplots()
ax.barh(y1, x1, height=0.4, label='产品一')
ax.barh(y2, x2, height=0.4, label='产品二')
ax.legend(loc='lower right')
plt.show()
```

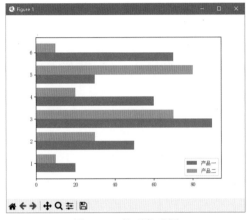

图 5-10　并列条形图

5.3　创建折线图

折线图主要用于展示数据随时间的变化趋势。如需创建折线图，可以使用 pyplot 模块中的 plot 函数或 Axes 对象的 plot 方法。

5.3.1　创建只有一条折线的折线图

折线图由多个点之间的连接线组成，每个点都有一对 x、y 坐标，所以需要两组数据。使用 plot 函数或 plot 方法创建折线图时，即使只有一组数据，也可以创建折线图。当只有一组数据时，会自动将该组数据作为每个点的 y 轴坐标，这些点的 x 轴坐标默认使用从 0 开始的连续整数。例如，如果有 6 个点，则它们的 x 轴坐标依次为 0、1、2、3、4 和 5。

下面的代码是使用 Axes 对象的 plot 方法为一组数据创建折线图，如图 5-11 所示。

```
import matplotlib.pyplot as plt
y = [5, 7, 3, 9, 1]
```

```
fig, ax = plt.subplots()
ax.plot(y)
plt.show()
```

下面的代码将为两组数据创建折线图，如图 5-12 所示。

```
import matplotlib.pyplot as plt
x = [1, 3, 5, 7, 9]
y = [80, 20, 80, 20, 80]
fig, ax = plt.subplots()
ax.plot(x, y)
plt.show()
```

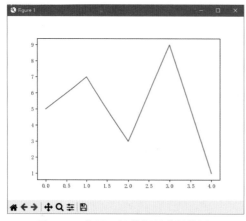

图 5-11　使用一组数据创建折线图

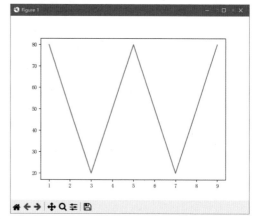

图 5-12　使用两组数据创建折线图

5.3.2　创建包含多条折线的折线图

如需在一个图表中绘制多条折线，只需多次调用 plot 函数或 plot 方法。下面的代码是在图表中绘制 3 条折线，如图 5-13 所示。

```
import matplotlib.pyplot as plt
x1 = [1, 3, 5, 7, 9]
y1 = [60, 30, 60, 30, 60]
x2 = [1, 3, 5, 7, 9]
y2 = [60, 60, 60, 60, 60]
x3 = [3, 4, 5, 6, 7]
y3 = [30, 30, 30, 30, 30]
fig, ax = plt.subplots()
ax.plot(x1, y1)
ax.plot(x2, y2)
ax.plot(x3, y3)
plt.show()
```

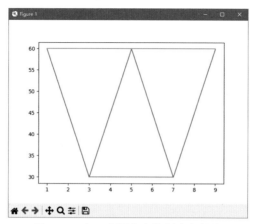

图 5-13　在一个图表中绘制多条折线

5.3.3　设置折线节点的样式

默认情况下，绘制的折线所连接的各个数据点与线条之间是平滑过渡的。如果希望这些数据点在折线图中明显可见，可以改变它们的样式。在 plot 函数或 plot 方法中指定 marker 参数，可以设置点的形状，这些形状以字符串格式作为 marker 参数的值，如表 5-1 所示。

表 5-1　marker 参数的取值

取　值	形　状
.	点
,	像素
o	圆
*	星号
+	加号
|	竖线
_	横线
v	下三角形
^	上三角形
<	左三角形
>	右三角形
1	下花三角形

续表

取 值	形 状
2	上花三角形
3	左花三角形
4	右花三角形
8	八边形
d	小菱形
D	大菱形
h	竖六边形
H	横六边形
p	五角星
P	填充后的加号
s	正方形
x	叉子
X	填充后的叉子

下面的代码将 marker 参数的值设置为"o"（字母 O 的小写形式），将折线图中的各个点显示为实心圆，如图 5-14 所示。

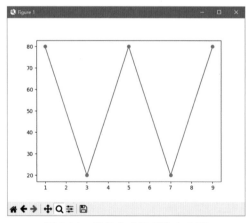

图 5-14　将各个点显示为实心圆

默认情况下，各个点的形状都是实心的。如需改为空心，可以在 plot 函数或 plot 方法中指定 markerfacecolor 参数，并将其值设置为 w（white 的首字母），代码如下，创建的折线图如图 5-15 所示。

```
import matplotlib.pyplot as plt
```

```
x = [1, 3, 5, 7, 9]
y = [80, 20, 80, 20, 80]
fig, ax = plt.subplots()
ax.plot(x, y, marker='o', markerfacecolor='w')
plt.show()
```

如需改变各个点的大小，可以使用 markersize 参数。下面的代码将折线图中各个点的大小设置为 10 个像素，如图 5-16 所示。

```
import matplotlib.pyplot as plt
x = [1, 3, 5, 7, 9]
y = [80, 20, 80, 20, 80]
fig, ax = plt.subplots()
ax.plot(x, y, marker='o', markersize=10)
plt.show()
```

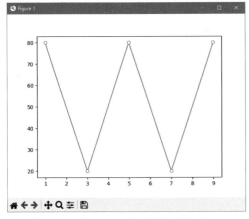 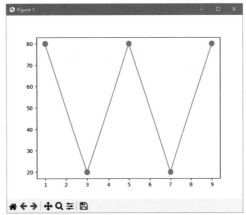

图 5-15　将各个点的形状设置为空心　　　　图 5-16　设置各个点的大小

5.4　创建散点图

散点图主要用于展示数据的分布情况。如需创建散点图，可以使用 pyplot 模块中的 scatter 函数或 Axes 对象的 scatter 方法。

5.4.1　创建基本散点图

scatter 函数或 scatter 方法的前两个参数分别表示各个点的 x 轴坐标和 y 轴坐标，创建散点图时必须指定这两个参数。其他参数都是关键字参数，用于设置各个点的大小、颜色、形状等。下面的代码是使用 Axes 对象的 scatter 方法创建如图 5-17 所示的散点图。

```
import matplotlib.pyplot as plt
x = [1, 2, 3, 4, 5, 6, 7, 8, 9]
y = [5, 7, 3, 9, 8, 2, 1, 6, 4]
fig, ax = plt.subplots()
ax.scatter(x, y)
plt.show()
```

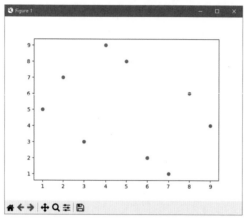

图 5-17　散点图

5.4.2　更改散点图的样式

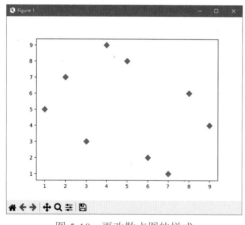

图 5-18　更改散点图的样式

scatter 函数或 scatter 方法中的 s 参数用于设置各个点的大小，c 参数用于设置各个点的颜色，marker 参数用于设置各个点的形状，该参数的取值可参考表 5-1。下面的代码将散点图中各个点的形状设置为大菱形，将它们的大小设置为 60 个像素，如图 5-18 所示。

```
import matplotlib.pyplot as plt
x = [1, 2, 3, 4, 5, 6, 7, 8, 9]
y = [5, 7, 3, 9, 8, 2, 1, 6, 4]
fig, ax = plt.subplots()
ax.scatter(x, y, s=60, marker='D')
plt.show()
```

5.5　创建气泡图

与创建散点图类似，创建气泡图也使用 pyplot 模块中的 scatter 函数或 Axes 对象的

scatter 方法，此时需要将该函数或方法的 s 参数的值设置为一个列表对象，以便将各个点设置为不同的大小。下面的代码将每个点的 y 轴坐标设置为 s 参数的值，这样每个点的大小就能直观表示每个点的数值大小，如图 5-19 所示。

```
import matplotlib.pyplot as plt
x = [1, 2, 3, 4, 5, 6, 7, 8, 9]
y = [500, 700, 300, 900, 800, 200, 100, 600, 400]
fig, ax = plt.subplots()
ax.scatter(x, y, s=y)
plt.show()
```

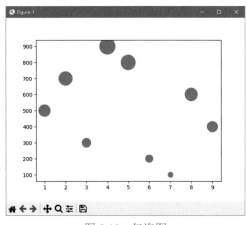

图 5-19　气泡图

5.6　创建直方图

直方图又称为质量分布图，主要用于展示数据在各个区间的分布情况。直方图的外观与柱形图非常相似，但是它们存在以下几个区别：

- 直方图中的柱形表示数据在各个区间出现的次数，柱形图中的柱形表示数据的大小。
- 直方图中所有柱形之间是紧密相连的，它们之间没有空隙。柱形图中所有柱形之间都存在空隙。
- 直方图表示连续型数据，柱形图表示离散型数据。

如需创建直方图，可以使用 pyplot 模块中的 hist 函数或 Axes 对象的 hist 方法。

5.6.1　创建自动分组的直方图

hist 函数或 hist 方法的第一个参数 x 表示要统计的数据，创建直方图时必须指定该参数，其他参数都是关键字参数。将 bins 参数设置为一个整数时，表示为数据划分的区间数量，每个区间的左右边界由 Matplotlib 自动确定。

下面的代码是使用 Axes 对象的 hist 方法创建一个直方图，根据数据中的最小值和最大值，Matplotlib 自动将所有数据划分为 5 个区间，并统计每个区间的数据个数，如图 5-20 所示。

```python
import matplotlib.pyplot as plt
x = [1, 3, 10, 12, 16, 25, 27, 31, 33, 36, 45, 52, 56]
fig, ax = plt.subplots()
ax.hist(x, bins=5)
plt.show()
```

为了使每个柱形的界限清晰可见，可以使用 linewidth 参数设置柱形边框线的宽度，使用 edgecolor 参数设置柱形边框线的颜色，此处将边框线的宽度设置为 0.5，将边框线的颜色设置为白色，如图 5-21 所示。

```python
import matplotlib.pyplot as plt
x = [1, 3, 10, 12, 16, 25, 27, 31, 33, 36, 45, 52, 56]
fig, ax = plt.subplots()
ax.hist(x, bins=5, linewidth=0.5, edgecolor="w")
plt.show()
```

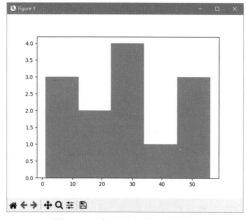

图 5-20　自动分组的直方图

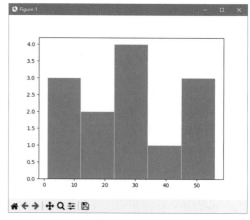

图 5-21　使柱形的边界清晰可见

5.6.2　创建手动分组的直方图

虽然 Matplotlib 能够根据数据的值范围自动创建各个区间，但是为了更符合实际需求，通常需要自己创建特定的值区间。可以指定任意个数的区间，每个区间都有两个值组成，最后一个区间的左右两个值都是闭合的，其他区间都是左闭右开的。

[x, y) 表示左闭右开的区间，当一个值大于或等于 x 且小于 y 时，该值就位于该区间内。[x, y] 表示左右都闭合的区间，当一个值大于或等于 x 且小于或等于 y 时，该值就位

于该区间内。

为直方图指定区间时，只需将表示每个区间边界的值以列表的形式设置给 bins 参数，Matplotlib 就会自动创建各个区间。

下面的代码是使用变量 bins 保存由区间的边界值组成的列表，然后在创建直方图时将该变量设置为 bins 参数的值，将创建如图 5-22 所示的直方图。

```
import matplotlib.pyplot as plt
x = [1, 3, 10, 12, 16, 25, 27, 31, 33, 36, 45, 52, 56]
bins = [0, 10, 20, 30, 40, 50, 60]
fig, ax = plt.subplots()
ax.hist(x, bins=bins, linewidth=0.5, edgecolor='w')
plt.show()
```

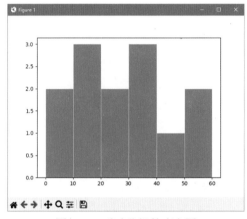

图 5-22　手动分组的直方图

本例创建了以下几个区间，通过直方图中每个柱形的高度，可以看出每个区间包含的数据个数。所有区间包含的数据总数是 13 个，与 x 变量存储的列表中的数据总数相同。

- 0～10：包含 0 但不包含 10，该区间有 2 个数据。
- 10～20：包含 10 但不包含 20，该区间有 3 个数据。
- 20～30：包含 20 但不包含 30，该区间有 2 个数据。
- 30～40：包含 30 但不包含 40，该区间有 3 个数据。
- 40～50：包含 40 但不包含 50，该区间有 1 个数据。
- 50～60：包含 50 也包含 60，该区间有 2 个数据。

5.7　创建饼形图

饼形图主要用于展示各部分数据占数据总和的比例。如需创建饼形图，可以使用 pyplot 模块中的 pie 函数或 Axes 对象的 pie 方法。

5.7.1　创建基本饼形图

pie 函数或 pie 方法的第一个参数 x 表示要创建饼形图的数据，创建饼形图时必须指定该参数，其他参数都是关键字参数。下面的代码是使用 Axes 对象的 pie 方法创建如图 5-23 所示的饼形图。

```
import matplotlib.pyplot as plt
x = [2, 9, 6, 3, 5, 8]
fig, ax = plt.subplots()
ax.pie(x)
plt.show()
```

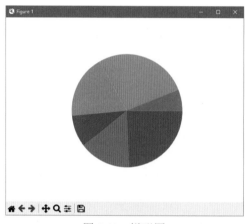

图 5-23　饼形图

5.7.2　为饼形图添加标签和百分比值

为了使饼形图的含义清晰，通常需要为饼形图的每个扇区添加标签和百分比值。为此，需要为 pie 函数或 pie 方法指定 labels 和 autopct 两个参数。labels 参数用于为每个扇区添加标签，标签用于说明每个扇区的含义。autopct 参数用于为每个扇区添加百分比值，百分比值是每个扇区对应的数据占所有扇区数据总和的比值。

下面的代码仍然创建与 5.7.1 节相同的饼形图，但是为其中的每个扇区添加了名称和百分比值，如图 5-24 所示。此处为 autopct 参数设置的值用于指定比值的格式，字符串 %.2f%% 中的 f 表示浮点数类型，".2"表示将比值保留两位小数。

```
import matplotlib as mpl
import matplotlib.pyplot as plt
mpl.rcParams['font.sans-serif'] = 'SimSun'
x = [2, 9, 6, 3, 5, 8]
name = ['产品1', '产品2', '产品3', '产品4', '产品5', '产品6']
```

```
fig, ax = plt.subplots()
ax.pie(x, labels=name, autopct='%.2f%%')
plt.show()
```

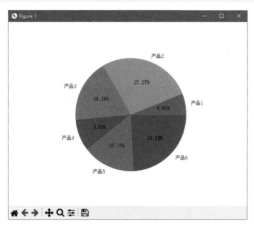

图 5-24　为饼形图添加标签和百分比值

5.7.3　改变饼形图各个扇区的颜色

与 5.1.4 节介绍的为柱形图设置柱形颜
色的方法类似，也可以在 pie 函数或 pie 方法
中，通过指定 colors 参数来改变饼形图各个扇
区的颜色。下面的代码将表示颜色值的 6 个字
符以字符串的形式传递给 Python 内置的 list 函
数，该函数将创建由这些字母组成的列表，然
后将该列表设置为 colors 参数的值，即可为饼
形图的各个扇区设置由这些字符指定的颜色，
如图 5-25 所示。

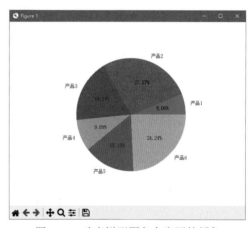

图 5-25　改变饼形图各个扇区的颜色

```
import matplotlib as mpl
import matplotlib.pyplot as plt
mpl.rcParams['font.sans-serif'] = 'SimSun'
x = [2, 9, 6, 3, 5, 8]
name = ['产品1', '产品2', '产品3', '产品4', '产品5', '产品6']
color = list('rgbcmy')
fig, ax = plt.subplots()
ax.pie(x, labels=name, autopct='%.2f%%', colors=color)
plt.show()
```

5.7.4　创建分裂饼形图

分裂饼形图是指将饼形图的一个或多个扇区从饼形图中分离出来。如需创建分裂饼形图，可以在 pie 函数或 pie 方法中指定 explode 参数。该参数的值是一个由多个元素组成的元组或列表，这些元素与饼形图的各个扇区一一对应。将希望分离出来的扇区对应的值设置为一个大于 0 的数字，即可将该扇区从饼形图中分离出来。

下面的代码是将饼形图的第 2 个和第 5 个扇区分离出来，如图 5-26 所示。

```
import matplotlib as mpl
import matplotlib.pyplot as plt
mpl.rcParams['font.sans-serif'] = 'SimSun'
x = [2, 9, 6, 3, 5, 8]
name = ['产品1', '产品2', '产品3', '产品4', '产品5', '产品6']
explode = [0, 0.2, 0, 0, 0.2, 0]
fig, ax = plt.subplots()
ax.pie(x, explode=explode, labels=name, autopct='%.2f%%')
plt.show()
```

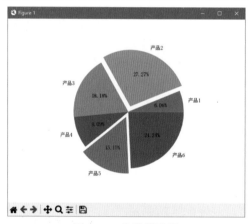

图 5-26　分裂饼形图

5.7.5　调整饼形图的大小

如需调整饼形图的大小，可以为 pie 函数或 pie 方法指定 radius 参数，该参数用于设置饼形图的半径，将其值设置为一个大于 0 的数字。如果数字大于 1，则表示增大饼形图；如果数字小于 1，则表示减小饼形图。下面的代码是将饼形图的半径设置为原始大小的 1.5 倍，如图 5-27 所示。

```
import matplotlib as mpl
import matplotlib.pyplot as plt
```

```
mpl.rcParams['font.sans-serif'] = 'SimSun'
x = [2, 9, 6, 3, 5, 8]
name = ['产品1', '产品2', '产品3', '产品4', '产品5', '产品6']
fig, ax = plt.subplots()
ax.pie(x, labels=name, autopct='%.2f%%', radius=1.5)
plt.show()
```

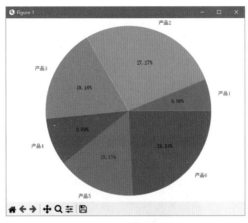

图 5-27　增大饼形图

下面的代码是将 radius 参数设置为小于 1 的数字，将使饼形图变小，如图 5-28 所示。

```
import matplotlib as mpl
import matplotlib.pyplot as plt
mpl.rcParams['font.sans-serif'] = 'SimSun'
x = [2, 9, 6, 3, 5, 8]
name = ['产品1', '产品2', '产品3', '产品4', '产品5', '产品6']
fig, ax = plt.subplots()
ax.pie(x, labels=name, autopct='%.2f%%', radius=0.6)
plt.show()
```

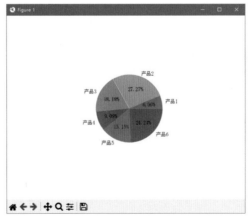

图 5-28　减小饼形图

5.7.6 让饼形图更有立体感

在 pie 函数或 pie 方法中将 shadow 参数设置为 True，将在饼形图的下方添加阴影效果，使饼形图看起来更有立体感，如图 5-29 所示。

```python
import matplotlib as mpl
import matplotlib.pyplot as plt
mpl.rcParams['font.sans-serif'] = 'SimSun'
x = [2, 9, 6, 3, 5, 8]
name = ['产品1', '产品2', '产品3', '产品4', '产品5', '产品6']
fig, ax = plt.subplots()
ax.pie(x, labels=name, autopct='%.2f%%', shadow=True, radius=1.5)
plt.show()
```

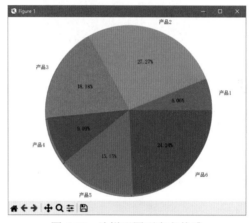

图 5-29　让饼形图更有立体感

除了可以将 shadow 参数设置为 True 或 False 之外，还可以将其值设置为一个字典，在字典中使用 shade 键控制饼形图下方阴影部分中的黑色程度。下面的代码是将 shade 键的值设置为 0.2，极大地减少了阴影部分中的黑色，如图 5-30 所示。

```python
import matplotlib as mpl
import matplotlib.pyplot as plt
mpl.rcParams['font.sans-serif'] = 'SimSun'
x = [2, 9, 6, 3, 5, 8]
name = ['产品1', '产品2', '产品3', '产品4', '产品5', '产品6']
fig, ax = plt.subplots()
ax.pie(x, labels=name, autopct='%.2f%%', shadow={'shade': 0.2}, radius=1.5)
plt.show()
```

提示：将 shadow 参数的值设置为字典时，也可以使用 Python 内置的 dict 函数，这样无须输入字典特有的花括号以及键和值之间的冒号。可以将上面代码中的 shadow 参数部分改为以下形式：

```python
shadow=dict(shade=0.2)
```

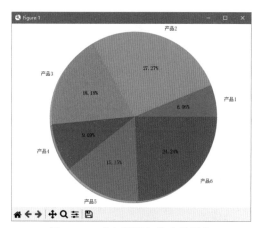

图 5-30　减少阴影部分中的黑色

5.8　创建圆环图

圆环图也可称为环形图，它相当于将饼形图的中间部分去掉后的剩余部分。与创建饼形图类似，创建圆环图也使用 pyplot 模块中的 pie 函数或 Axes 对象的 pie 方法，但是需要为其指定 wedgeprops 参数。该参数的值是一个字典，通过为其设置不同的键来设置圆环的宽度和边界样式。

5.8.1　创建基本圆环图

如需创建一个圆环图，可以在为 wedgeprops 参数设置的字典中指定 width 键，它表示圆环的宽度，将其值设置一个为 0 ～ 1 的数字。下面的代码使用 Axes 对象的 pie 方法创建如图 5-31 所示的圆环图，圆环的宽度是 0.5。

```
import matplotlib as mpl
import matplotlib.pyplot as plt
mpl.rcParams['font.sans-serif'] = 'SimSun'
x = [2, 9, 6, 3, 5, 8]
name = ['产品1', '产品2', '产品3', '产品4', '产品5', '产品6']
fig, ax = plt.subplots()
ax.pie(x, labels=name, wedgeprops=dict(width=0.5))
plt.show()
```

可以通过增大圆环的半径或减小圆环的宽度，使圆环图的中空部分增多。下面的代码将 width 键的值设置为 0.2，创建的圆环图如图 5-32 所示。

```
import matplotlib as mpl
import matplotlib.pyplot as plt
mpl.rcParams['font.sans-serif'] = 'SimSun'
```

```
x = [2, 9, 6, 3, 5, 8]
name = ['产品1', '产品2', '产品3', '产品4', '产品5', '产品6']
fig, ax = plt.subplots()
ax.pie(x, labels=name, wedgeprops=dict(width=0.2))
plt.show()
```

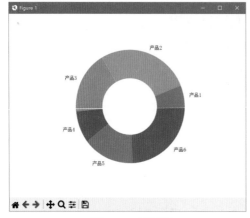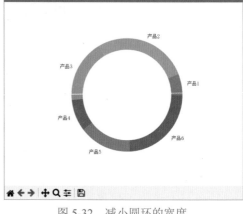

图 5-31　圆环图　　　　　　　　　　　　　　图 5-32　减小圆环的宽度

下面的代码将增大圆环图的半径，但是仍然将圆环的宽度设置为 0.5，创建的圆环图如图 5-33 所示。

```
import matplotlib as mpl
import matplotlib.pyplot as plt
mpl.rcParams['font.sans-serif'] = 'SimSun'
x = [2, 9, 6, 3, 5, 8]
name = ['产品1', '产品2', '产品3', '产品4', '产品5', '产品6']
fig, ax = plt.subplots()
ax.pie(x, labels=name, radius=1.5, wedgeprops=dict(width=0.5))
plt.show()
```

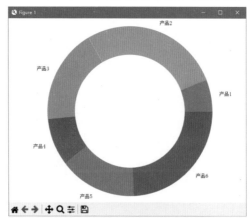

图 5-33　增大圆环的半径

5.8.2　在圆环图中显示百分比值

　　直接使用类似于在饼形图中显示百分比值的方法时，会发现百分比值无法正确显示在圆环图的环形区域中，如图 5-34 所示。

　　为了解决这个问题，需要为 pie 函数或 pie 方法指定 pctdistance 参数，该参数用于指定百分比值的偏移距离，这样可以根据圆环的位置调整百分比值的位置。下面的代码将百分比值移动到合适的位置，如图 5-35 所示。

```
import matplotlib as mpl
import matplotlib.pyplot as plt
mpl.rcParams['font.sans-serif'] = 'SimSun'
x = [2, 9, 6, 3, 5, 8]
name = ['产品1', '产品2', '产品3', '产品4', '产品5', '产品6']
fig, ax = plt.subplots()
ax.pie(x, labels=name, autopct='%.2f%%', pctdistance=0.83, radius=1.5,
wedgeprops=dict(width=0.5))
plt.show()
```

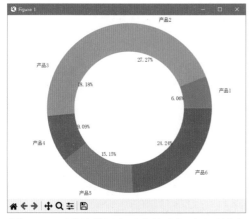
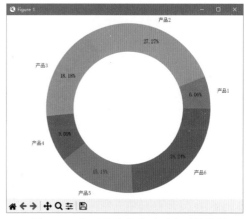

图 5-34　百分比值没有正确显示在环形区域中　　　　图 5-35　将百分比值移动到合适的位置

　　如需将百分比值显示在圆环图的外侧，可以将 pctdistance 参数设置为大于 1 的值。下面的代码将百分比值显示在圆环图的外侧，如图 5-36 所示。该方法同样适用于饼形图。

```
import matplotlib as mpl
import matplotlib.pyplot as plt
mpl.rcParams['font.sans-serif'] = 'SimSun'
x = [2, 9, 6, 3, 5, 8]
fig, ax = plt.subplots()
ax.pie(x, autopct='%.2f%%', pctdistance=1.1, radius=1.5, wedgeprops=dict(width=0.5))
plt.show()
```

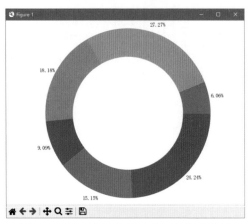

图 5-36　将百分比值显示在圆环图的外侧

5.8.3　创建双层圆环图

可以创建内外嵌套在一起的双层圆环图，此时需要调用两次 pie 函数或 pie 方法，然后分别为它们指定不同的半径和百分比值的偏移距离。下面的代码是创建如图 5-37 所示的双层圆环图。

```
import matplotlib as mpl
import matplotlib.pyplot as plt
mpl.rcParams['font.sans-serif'] = 'SimSun'
x1 = [2, 9, 6, 3, 5, 8]
x2 = list(reversed(x1))
name = ['产品1', '产品2', '产品3', '产品4', '产品5', '产品6']
fig, ax = plt.subplots()
ax.pie(x1, autopct='%.2f%%', pctdistance=0.83, radius=1.5, wedgeprops=dict(width=0.5))
ax.pie(x2, autopct='%.2f%%', pctdistance=0.75, radius=1, wedgeprops=dict(width=0.5))
plt.show()
```

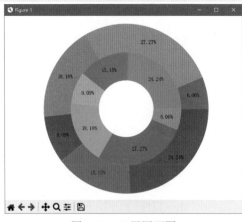

图 5-37　双层圆环图

5.9　创建箱形图

箱形图也称为箱线图或盒须图，主要用于展示数据的分布情况并找出异常数据。箱形图是根据以下几个统计值绘制出来的：上限（最大值）、下限（最小值）、中位数、上四分位数、下四分位数和异常值。除了异常值之外，其他 5 个值将箱形图分割为 4 个部分，如图 5-38 所示。

如需创建箱形图，可以使用 pyplot 模块中的 boxplot 函数或 Axes 对象的 boxplot 方法。

图 5-38　箱形图的结构

5.9.1　为一组数据创建箱形图

boxplot 函数或 boxplot 方法的第一个参数 x 表示要创建箱形图的数据，创建箱形图时必须指定该参数，其他参数都是关键字参数。下面的代码是使用 Axes 对象的 boxplot 方法创建如图 5-39 所示的箱形图，从图 5.39 中可以看出，本例数据的上限是 9，下限是 1，中位数是 5，上四分位数是 7，下四分位数是 3。

```
import matplotlib.pyplot as plt
x = [5, 7, 3, 9, 1]
fig, ax = plt.subplots()
ax.boxplot(x)
plt.show()
```

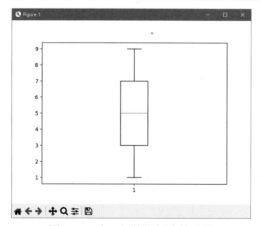

图 5-39　为一组数据创建箱形图

5.9.2　为多组数据创建箱形图

使用 boxplot 函数或 boxplot 方法也可以为多组数据创建箱形图，此时需要将第一个参数 x 设置为一个嵌套列表，其中的每个子列表在箱形图中都有一个对应的箱子。下面的代码是创建如图 5-40 所示的箱形图，为每组数据都创建一个箱子。

```
import matplotlib.pyplot as plt
x1 = [5, 7, 3, 9, 1, 6]
x2 = [10, 15, 16, 12, 20, 13]
fig, ax = plt.subplots()
ax.boxplot([x1, x2])
plt.show()
```

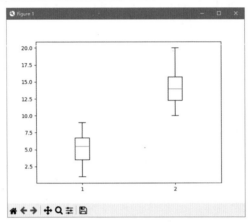

图 5-40　为多组数据创建箱形图

5.9.3　隐藏异常值

异常数据在箱形图中显示为圆圈。下面的代码是创建带有一个异常值的箱形图，右侧箱子上方的圆圈就是异常值，其值为 30，它是变量 x2 引用的列表中 30 这个数据，如图 5-41 所示。

```
import matplotlib.pyplot as plt
x1 = [5, 7, 3, 9, 1, 6]
x2 = [10, 15, 16, 12, 20, 30]
fig, ax = plt.subplots()
ax.boxplot([x1, x2])
plt.show()
```

如果不想在箱形图中显示异常值，则可以在 boxplot 函数或 boxplot 方法中指定 showfliers 参数，并将其值设置为 False，将隐藏箱形图中的所有异常值。下面的代码将隐藏上面示例中的异常值，如图 5-42 所示。

```
import matplotlib.pyplot as plt
x1 = [5, 7, 3, 9, 1, 6]
x2 = [10, 15, 16, 12, 20, 30]
```

```
fig, ax = plt.subplots()
ax.boxplot([x1, x2], showfliers=False)
plt.show()
```

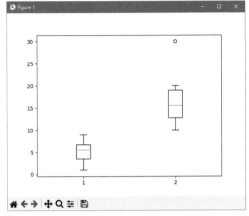

图 5-41　带有异常值的箱形图

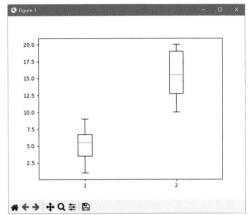

图 5-42　隐藏异常值

5.9.4　创建水平方向的箱形图

箱形图中的箱子默认都是垂直显示的，如需将它们改为水平方向，可以在 boxplot 函数或 boxplot 方法中指定 vert 参数，并将其值设置为 False。下面的代码是创建如图 5-43 所示的箱形图，将箱子水平放置。

```
import matplotlib.pyplot as plt
x1 = [5, 7, 3, 9, 1, 6]
fig, ax = plt.subplots()
ax.boxplot(x1, vert=False)
plt.show()
```

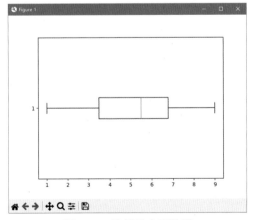

图 5-43　将箱子水平放置

5.9.5 更改箱形图的样式

通过设置箱形图中的箱子和异常点的样式，以及箱形图的标签，可以更改箱形图的外观。更改异常点的样式与设置散点图中点的样式所使用的参数相同，使用 marker 参数设置异常点的形状，使用 markersize 参数设置异常点的大小，使用 markerfacecolor 参数设置异常点的颜色。不过在箱形图中需要将这些参数以字典的形式设置为 flierprops 参数的值，flierprops 是 boxplot 函数或 boxplot 方法的一个关键字参数。

下面的代码将异常点的形状改为三角形，并将其放大显示，如图 5-44 所示。

```python
import matplotlib.pyplot as plt
x1 = [5, 7, 3, 9, 1, 6]
x2 = [10, 15, 16, 12, 20, 30]
fliersty = dict(marker='^', markersize=12)
fig, ax = plt.subplots()
ax.boxplot([x1, x2], flierprops=fliersty)
plt.show()
```

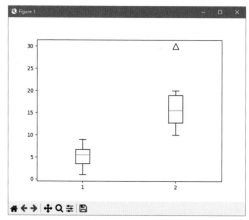

图 5-44　设置异常点的样式

与设置异常点样式的 flierprops 参数的用法类似，使用 boxplot 函数或 boxplot 方法的 boxprops 参数，可以设置箱子的样式，该参数的值也是一个字典对象。为了使该参数生效，必须指定另一个参数 patch_artist，并将该参数的值设置为 True。下面的代码分别设置箱子的内部填充色和外边框颜色，如图 5-45 所示。

```python
import matplotlib.pyplot as plt
x1 = [5, 7, 3, 9, 1, 6]
x2 = [10, 15, 16, 12, 20, 30]
boxsty = dict(facecolor='b', edgecolor='r')
fig, ax = plt.subplots()
ax.boxplot([x1, x2], patch_artist=True, boxprops=boxsty)
plt.show()
```

创建的箱形图的 x 轴的标签默认为 1、2 之类的数字，可以使用 labels 参数自定义标签的内容。下面的代码将两个箱子下方的数字 1 和 2 改为"第一组"和"第二组"，如图 5-46 所示。

```
import matplotlib as mpl
import matplotlib.pyplot as plt
mpl.rcParams['font.sans-serif'] = 'SimSun'
x1 = [5, 7, 3, 9, 1, 6]
x2 = [10, 15, 16, 12, 20, 13]
fig, ax = plt.subplots()
ax.boxplot([x1, x2], labels=['第一组', '第二组'])
plt.show()
```

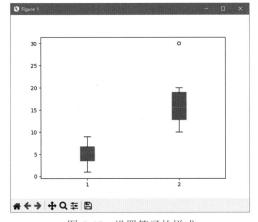
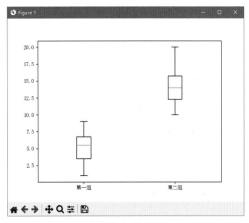

图 5-45　设置箱子的样式　　　　　　　图 5-46　自定义标签

5.10　创建阶梯图

阶梯图的很多概念和参数都与折线图类似，主要用于展示时序数据的波动周期和波动规律。如需创建阶梯图，可以使用 pyplot 模块中的 step 函数或 Axes 对象的 step 方法。

5.10.1　创建基本阶梯图

step 函数或 step 方法的第一个参数 x 表示要创建阶梯图的各个点的 x 轴坐标，第二个参数 y 表示各个点的 y 轴坐标，创建阶梯图时必须指定这两个参数，其他参数都是关键字参数。下面的代码是使用 Axes 对象的 step 方法创建如图 5-47 所示的阶梯图。

```
import matplotlib.pyplot as plt
x = range(1, 7)
```

```
y = [10, 20, 30, 40, 50, 60]
fig, ax = plt.subplots()
ax.step(x, y)
plt.show()
```

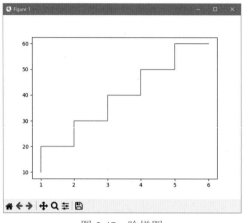

图 5-47　阶梯图

5.10.2　将阶梯图的线条加粗

在 step 函数或 step 方法中指定 linewidth 参数，可以改变阶梯图线条的宽度。下面的代码将阶梯图的线条宽度设置为 5 像素，如图 5-48 所示。

```
import matplotlib.pyplot as plt
x = range(1, 7)
y = [10, 20, 30, 40, 50, 60]
fig, ax = plt.subplots()
ax.step(x, y, linewidth=5)
plt.show()
```

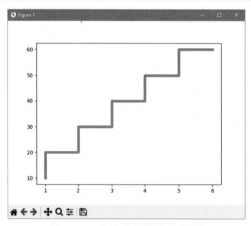

图 5-48　将阶梯图的线条加粗

5.11　创建面积图

面积图主要用于展示数据随时间的变化情况。如需创建面积图，可以使用 pyplot 模块中的 stackplot 函数或 Axes 对象的 stackplot 方法。

5.11.1　创建基本面积图

stackplot 函数或 stackplot 方法的第一个参数 x 表示要创建面积图的各个点的 x 轴坐标，第二个参数 y 表示各个点的 y 轴坐标，创建面积图时必须指定这两个参数，其他参数都是关键字参数。下面的代码是使用 Axes 对象的 stackplot 方法创建如图 5-49 所示的面积图。

```
import matplotlib.pyplot as plt
x = range(1, 7)
y = [30, 10, 50, 20, 60, 70]
fig, ax = plt.subplots()
ax.stackplot(x, y)
plt.show()
```

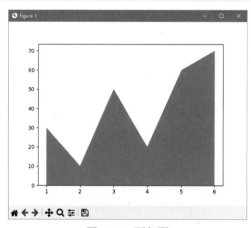

图 5-49　面积图

5.11.2　创建堆积面积图

堆积面积图由多组数据组成，这些数据的 x 轴坐标相同，而 y 轴坐标不相同。下面的代码为 3 组数据创建堆积面积图，如图 5-50 所示。

```
import matplotlib.pyplot as plt
x = range(1, 7)
y1 = [30, 10, 50, 20, 60, 70]
y2 = [20, 50, 70, 60, 10, 30]
```

```
y3 = [60, 70, 30, 20, 50, 10]
fig, ax = plt.subplots()
ax.stackplot(x, y1, y2, y3)
plt.show()
```

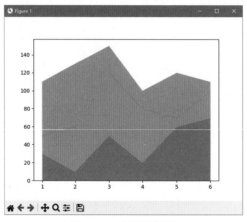

图 5-50　堆积面积图

5.12　创建雷达图

雷达图也称为极坐标图或蜘蛛网图，主要用于展示多维数据之间的关系并比较它们的差异。如需创建雷达图，可以使用 pyplot 模块中的 polar 函数。使用该函数可以直接在默认创建的极坐标系中绘制雷达图。Axes 对象没有提供 polar 方法，如需使用该对象创建雷达图，需要先使用 subplot 函数或 subplots 函数创建极坐标系，然后才能绘制雷达图。

本节主要介绍使用 pyplot 模块中的 polar 函数创建雷达图的方法，最后也会介绍使用 subplot 或 subplots 函数创建极坐标系，并使用 Axes 对象的 plot 方法创建雷达图的方法。

5.12.1　在极坐标系中创建一个点

极坐标系中的每个点的坐标由两个值确定：
- 极角：点和原点之间的线段与极轴之间的夹角。通常规定角度以逆时针方向为正方向。
- 极径：点到原点的距离。

极坐标系中的角度通常以弧度表示，为了便于理解，也可以使用角度。无论使用哪种方式，都需要用到 pi 函数，在 Python 标准库中的 math 模块或 NumPy 库中都包含该函数。下面的代码使用角度的形式表示 45°，通过第一个数字 45，就可以立刻知道该表达式表示的是 45°。

```
import math
45 * math.pi / 180
```

或

```
import numpy as np
45 * np.pi / 180
```

如果使用弧度表示 45°，则需要使用下面的代码：

```
import math
math.pi / 4
```

或

```
import numpy as np
np.pi / 4
```

使用 pyplot 模块中的 polar 函数创建雷达图时，该函数的第一个参数 theta 表示极角，第二个参数 r 表示极径。下面的代码是使用 pyplot 模块中的 polar 函数在极坐标系中绘制一个点，该点的极角是 45°，极径是 60。

```
import matplotlib.pyplot as plt
import numpy as np
theta = 45 * np.pi / 180
r = 60
plt.polar(theta, r)
plt.show()
```

运行上面的代码，绘制结果如图 5-51 所示，在极坐标中并未显示绘制的点。

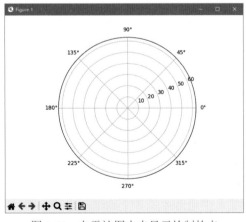

图 5-51　在雷达图中未显示绘制的点

为了让绘制的点显示出来，可以在 polar 函数中指定 marker 参数，为点设置一种形状。下面的代码将绘制的点设置为圆圈，如图 5-52 所示。

```
import matplotlib.pyplot as plt
import numpy as np
theta = 45 * np.pi / 180
r = 60
plt.polar(theta, r, marker='o')
plt.show()
```

可以使用 markersize 参数设置点的大小，下面的代码将绘制的点的大小设置为 10 像素，并使用 pyplot 模块中的 ylim 函数定义极轴的尺寸范围，如图 5-53 所示。

```
import matplotlib.pyplot as plt
import numpy as np
theta = 45 * np.pi / 180
r = 60
plt.polar(theta, r, marker='o', markersize=10)
plt.ylim(0, 100)
plt.show()
```

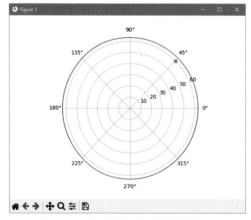
图 5-52　将绘制的点设置为圆圈

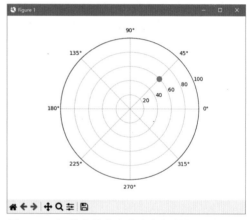
图 5-53　调整点的大小并定义极轴的尺寸范围

5.12.2　在极坐标系中创建雷达图

在极坐标系中绘制雷达图，实际上就是在极坐标系中绘制多个点，然后使用连接线将这些点连接起来，从而形成一个闭合的形状。由于雷达图是一个闭合的多边形，所以它的起始点和终止点应该是同一个点，它们具有相同的极坐标。

下面的代码是在极坐标系中通过绘制 5 个点来创建一个雷达图，如图 5-54 所示。5 个点的角度作为 NumPy 中的 array 函数创建的数组中的元素，一次性将它们转换为弧度。使用 array 函数的另一个原因是，Python 内置的列表对象无法直接与数字进行数学运算，除非使用列表推导式，但是这会增加编写代码的难度，所以本例使用 NumPy 中的 array 函数。

```
import matplotlib.pyplot as plt
import numpy as np
theta = np.array([15, 75, 135, 195, 255, 15]) * np.pi / 180
r = [60, 120, 90, 120, 180, 60]
plt.polar(theta, r, marker='o', markersize=10)
plt.ylim(0, 200)
plt.show()
```

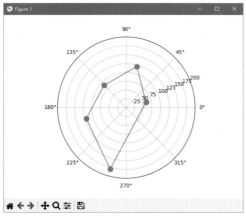

图 5-54　创建雷达图

5.12.3　为雷达图设置填充色

使用 pyplot 模块中的 fill 函数，可以为雷达图设置填充色。该函数的前两个参数与 polar 函数相同，为了设置填充色，需要指定 color 关键字参数，并为其设置一个颜色值。下面的代码为前面创建的雷达图设置一种填充色，如图 5-55 所示。

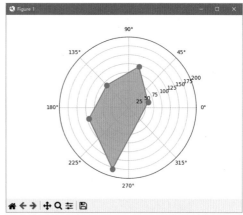

图 5-55　为雷达图设置填充色

```
import matplotlib.pyplot as plt
import numpy as np
theta = np.array([15, 75, 135, 195,
255, 15]) * np.pi / 180
r = [60, 120, 90, 120, 180, 60]
plt.polar(theta, r, marker='o', markersize=10)
plt.ylim(0, 200)
plt.fill(theta, r, color='y')
plt.show()
```

5.12.4　更改雷达图的刻度标签

在雷达图中显示的角度标签默认为 0°、45°、90°、135°、180°、225°、270° 和 315°。如果对角度有特殊要求，可以使用 pyplot 模块中的 thetagrids 函数，并为其指定 angles 参数来更改角度标签。下面的代码将雷达图的角度设置为 0°、60°、120°、180°、240° 和 300°，如图 5-56 所示。

```python
import matplotlib.pyplot as plt
import numpy as np
theta = np.array([15, 75, 135, 195, 255, 15]) * np.pi / 180
r = [60, 120, 90, 120, 180, 60]
angles = range(0, 301, 60)
plt.polar(theta, r, marker='o', markersize=10)
plt.ylim(0, 200)
plt.thetagrids(angles)
plt.show()
```

如果想要使用文本代替角度，则可以为 thetagrids 函数同时指定 angles 和 labels 两个参数。下面的代码使用 6 个英文字母代替 6 个角度，6 个字母会显示在与 6 个角度对应的位置上，此时的角度只用于定位文本，而不会显示出来，如图 5-57 所示。

```python
import matplotlib.pyplot as plt
import numpy as np
theta = np.array([15, 75, 135, 195, 255, 15]) * np.pi / 180
r = [60, 120, 90, 120, 180, 60]
angles = range(0, 301, 60)
labels = list('ABCDEF')
plt.polar(theta, r, marker='o', markersize=10)
plt.ylim(0, 200)
plt.thetagrids(angles, labels)
plt.show()
```

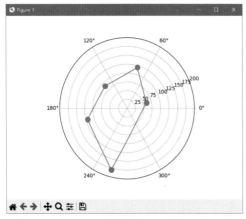

图 5-56　更改显示在雷达图四周的角度标签

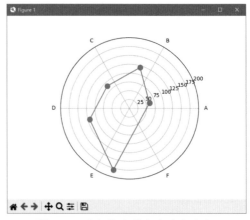

图 5-57　将标签中的角度改为文本

5.12.5　创建一个正六边形的雷达图

利用前几个小节介绍的知识，可以创建一个如图 5-58 所示的正六边形的雷达图，代码如下：

```
import matplotlib.pyplot as plt
import numpy as np
ax = plt.subplot(projection='polar')
theta = np.array([0, 60, 120, 180, 240, 300, 0]) * np.pi / 180
r = [10, 10, 10, 10, 10, 10, 10]
angles = range(0, 301, 60)
plt.plot(theta, r, marker='o', markersize=10)
plt.ylim(0, 10)
plt.fill(theta, r, color='y')
plt.thetagrids(angles=angles)
plt.show()
```

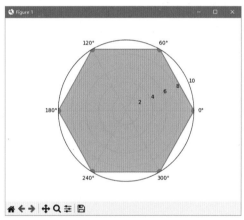

图 5-58　正六边形的雷达图

5.12.6　使用 subplot 或 subplots 函数创建极坐标系

使用 subplot 函数创建坐标系时，为其指定 projection 参数，并将其值设置为 polar，即可创建极坐标系。下面的代码是使用 subplot 函数创建如图 5-59 所示的极坐标系。

```
import matplotlib.pyplot as plt
ax = plt.subplot(projection='polar')
plt.show()
```

如果使用 subplots 函数同时创建图形和坐标系，则需要为其指定 subplot_kw 参数，该参数的值是一个字典对象，需要在字典中指定 projection 键，并将该键的值设置为 polar。

下面的代码是使用 subplots 函数创建相同的极坐标系。

```
import matplotlib.pyplot as plt
fig, ax = plt.subplots(subplot_kw=dict(projection='polar'))
plt.show()
```

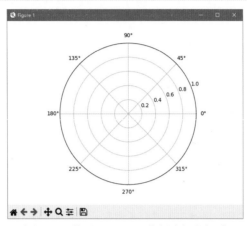

图 5-59　使用 subplot 函数创建极坐标系

5.12.7　使用 Axes 对象的 plot 方法创建雷达图

创建极坐标系后，接下来可以使用 Axes 对象的 plot 方法创建雷达图，实现方法与使用 polar 函数没什么区别，唯一区别是使用 plot 方法替换 polar 函数，其他代码相同。代码如下：

```
import matplotlib.pyplot as plt
import numpy as np
ax = plt.subplot(projection='polar')
theta = np.array([15, 75, 135, 195, 255, 15]) * np.pi / 180
r = [60, 120, 90, 120, 180, 60]
plt.plot(theta, r, marker='o', markersize=10)
plt.ylim(0, 200)
plt.show()
```

5.13　创建热力图

热力图主要通过颜色的深浅来展示数据的密集度和差异性。如需创建热力图，可以使用 pyplot 模块中的 imshow 函数或 Axes 对象的 imshow 方法。

5.13.1　创建基本热力图

imshow 函数或 imshow 方法的第一个参数 x 表示要创建热力图的各项数据，它必须是一个二维列表或二维数组，或者是类似结构的数据类型。创建热力图时必须指定 x 参数，其他参数都是关键字参数。

下面的代码是使用 pyplot 模块中的 imshow 函数创建如图 5-60 所示的热力图，并显示一个颜色条，热力图的颜色使用的是默认颜色，通过颜色条可以了解各个值与颜色深浅的对应关系。绘制热力图的数据是通过 NumPy 中的 arange 函数和 reshape 方法创建的，先使用 arange 函数创建一个包含 9 个数字的一维数组，然后使用 reshape 方法将该数组转换为 3 行 3 列的二维数组。

```python
import matplotlib.pyplot as plt
import numpy as np
x = np.arange(1, 10).reshape(3, 3)
plt.imshow(x)
plt.colorbar()
plt.show()
```

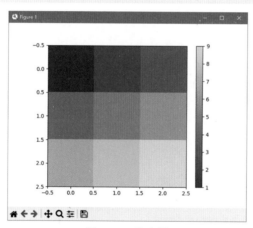

图 5-60　热力图

5.13.2　更改热力图的颜色

如需更改热力图的颜色，可以为 imshow 函数或 imshow 方法指定 cmap 参数，并将其值设置为一个颜色映射选项。下面的代码将热力图的颜色设置为灰度配色方案，如图 5-61 所示。

```python
import matplotlib.pyplot as plt
import numpy as np
x = np.arange(1, 10).reshape(3, 3)
```

```
plt.imshow(x, cmap=plt.cm.gray)
plt.colorbar()
plt.show()
```

如需将最大值设置为最深的颜色，将最小值设置为最浅的颜色，可以将上面代码中的 plt.cm.gray 改为 plt.cm.Grays，更改颜色后的热力图如图 5-62 所示。

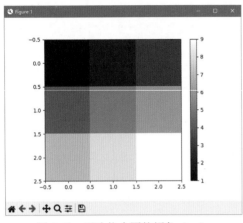
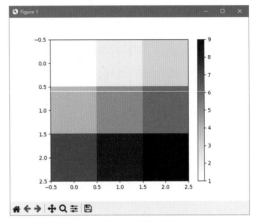

图 5-61　更改热力图的颜色（一）　　　　　图 5-62　更改热力图的颜色（二）

plt.cm.gray 中的最后一项 gray 表示具体的颜色。如需获取所有颜色映射选项的名称，可以使用下面的代码：

```
from matplotlib import colormaps
print(list(colormaps))
```

5.13.3　更改颜色条的长度

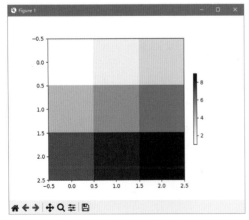

如需更改颜色条的长度，可以为 colorbar 函数指定 shrink 参数，并将其值设置为一个大于 0 的数字。下面的代码将颜色条的长度缩短为默认的一半，如图 5-63 所示。

```
import matplotlib.pyplot as plt
import numpy as np
x = np.arange(1, 10).reshape(3, 3)
plt.imshow(x, cmap=plt.cm.Grays)
plt.colorbar(shrink=0.5)
plt.show()
```

图 5-63　更改颜色条的长度

5.14　创建棉棒图

棉棒图也称为棒棒糖图或火柴杆图，它由杆和头两个部分组成，可将其看作柱形图的一种变体。如需创建棉棒图，可以使用 pyplot 模块中的 stem 函数或 Axes 对象的 stem 方法。

5.14.1　创建基本棉棒图

棉棒图的方向分为垂直和水平两种，默认创建的棉棒图是垂直方向的。对于垂直方向的棉棒图来说，stem 函数或 stem 方法的第一个参数 locs 表示棉棒的水平位置，即 x 轴坐标，第二个参数 heads 表示棉棒"头"部的位置，也可以将其看作棉棒的高度，即 y 轴坐标。其他参数都是关键字参数。如果是水平方向的棉棒图，则两个参数的含义正好相反。

下面的代码是使用 Axes 对象的 stem 方法创建如图 5-64 所示的棉棒图。

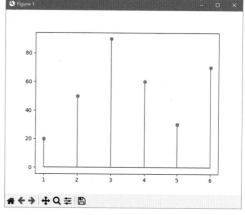

```
import matplotlib.pyplot as plt
locs = range(1, 7)
heads = [20, 50, 90, 60, 30, 70]
fig, ax = plt.subplots()
ax.stem(locs, heads)
plt.show()
```

图 5-64　棉棒图

5.14.2　更改棉棒图的样式

使用 linefmt 参数可以设置棉棒图"杆"部的线型和颜色，该参数的值由表示线型和颜色的字符组成。使用 markerfmt 参数可以设置棉棒图"头"部的形状和颜色，该参数的值由表示形状和颜色的字符组成。设置"杆"的线型和"头"的形状所使用的字符可参考表 4-3 和表 5-1，linefmt 参数的值只能使用表 4-3 中的符号，不能使用英文。

下面的代码将棉棒图"杆"部的线型设置为虚线，将"头"部的形状设置为大菱形，如图 5-65 所示。

```
import matplotlib.pyplot as plt
locs = range(1, 7)
heads = [20, 50, 90, 60, 30, 70]
fig, ax = plt.subplots()
ax.stem(locs, heads, linefmt='--', markerfmt='D')
plt.show()
```

使用 orientation 参数可以改变棉棒图的方向，分为垂直和水平两种，默认为垂直方向。下面的代码是将棉棒图改为水平方向，如图 5-66 所示。

```python
import matplotlib.pyplot as plt
locs = range(1, 7)
heads = [20, 50, 90, 60, 30, 70]
fig, ax = plt.subplots()
ax.stem(locs, heads, orientation='horizontal')
plt.show()
```

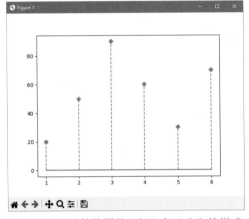

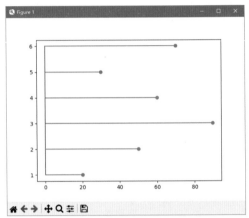

图 5-65　更改棉棒图的"杆"和"头"的样式　　　　图 5-66　将棉棒图改为水平方向

5.15　创建误差棒图

误差棒图主要用于展示数据是否存在误差。如需创建误差棒图，可以使用 pyplot 模块中的 errorbar 函数或 Axes 对象的 errorbar 方法。

5.15.1　创建基本误差棒图

errorbar 函数或 errorbar 方法的前两个参数分别表示各个点的 x 轴坐标和 y 轴坐标，创建误差棒图时必须指定这两个参数，其他参数都是关键字参数。xerr 和 yerr 两个参数表示误差棒在水平方向和垂直方向上的大小。

下面的代码是使用 Axes 对象的 errorbar 方法创建如图 5-67 所示的误差棒图。

```python
import matplotlib.pyplot as plt
x = [1, 3, 5, 7, 9]
y = [5, 7, 3, 9, 1]
yerr = 0.3
fig, ax = plt.subplots()
```

```
ax.errorbar(x, y, yerr=yerr)
plt.show()
```

将上面代码中的 yerr 改为 xerr，将创建如图 5-68 所示的误差棒图。

```
xerr = 0.3
```

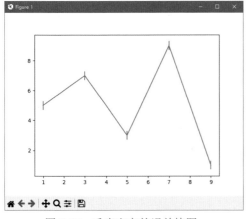
图 5-67　垂直方向的误差棒图

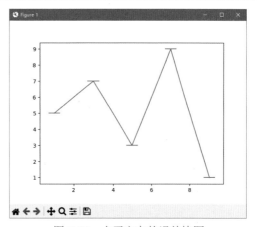
图 5-68　水平方向的误差棒图

如果同时给出 xerr 参数和 yerr 参数，则将创建如图 5-69 所示的误差棒图。

```
import matplotlib.pyplot as plt
x = [1, 3, 5, 7, 9]
y = [5, 7, 3, 9, 1]
xerr = 0.3
yerr = 0.8
fig, ax = plt.subplots()
ax.errorbar(x, y, xerr=xerr, yerr=yerr)
plt.show()
```

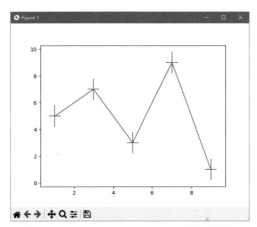
图 5-69　垂直方向和水平方向的误差棒图

下面的代码将为各个点设置不同的误差棒，如图 5-70 所示。

```
import matplotlib.pyplot as plt
import numpy as np
x = [1, 3, 5, 7, 9]
y = [5, 7, 3, 9, 1]
yerr = [0.2, 0.3, 0.8, 0.6, 0.5]
fig, ax = plt.subplots()
ax.errorbar(x, y, yerr=yerr)
plt.show()
```

下面的代码将误差棒的值设置为指定的范围，如图 5-71 所示。

```
import matplotlib.pyplot as plt
import numpy as np
x = [1, 3, 5, 7, 9]
y = [5, 7, 3, 9, 1]
lower = [0.1, 0.2, 0.3, 0.2, 0.3]
upper = [0.2, 0.3, 0.8, 0.6, 0.5]
fig, ax = plt.subplots()
ax.errorbar(x, y, yerr=[lower, upper])
plt.show()
```

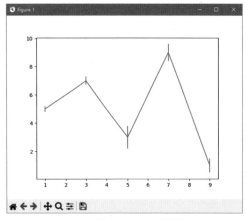
图 5-70　为各个点设置不同的误差棒

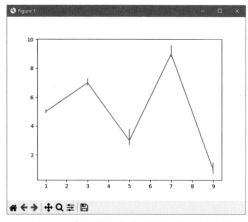
图 5-71　将误差棒的值设置为指定的范围

5.15.2　更改误差棒图的样式

为 errorbar 函数或 errorbar 方法指定 capsize 参数，可以在误差棒的两端显示横线。将 capsize 参数的值设置为一个数字，表示横线的长度。下面的代码将创建两端显示横线的误差棒图，如图 5-72 所示。

```
import matplotlib.pyplot as plt
```

```
x = [1, 3, 5, 7, 9]
y = [5, 7, 3, 9, 1]
xerr = 0.3
fig, ax = plt.subplots()
ax.errorbar(x, y, xerr=xerr, capsize=6)
plt.show()
```

如果只想在误差棒图中显示点而非折线，则可以指定 fmt 参数，其值是一个字符串，由以下 3 个部分组成，每个部分都是可选的。marker 用于定义标记的形状，line 用于定义线段的线型，color 用于定义颜色。这种格式同样适用于前面介绍的很多用于创建图表的函数和方法。

```
[marker][line][color]
```

下面的代码是将误差棒图中的折线改为圆点，如图 5-73 所示。

```
import matplotlib.pyplot as plt
x = [1, 3, 5, 7, 9]
y = [5, 7, 3, 9, 1]
xerr = 0.3
fig, ax = plt.subplots()
ax.errorbar(x, y, xerr=xerr, capsize=6, fmt='o')
plt.show()
```

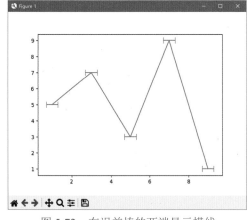
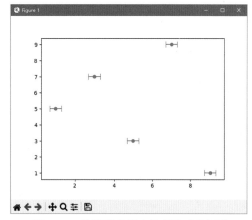

图 5-72　在误差棒的两端显示横线　　　图 5-73　将误差棒图中的折线改为圆点

5.15.3　在柱形图中添加误差棒

用于创建柱形图的 bar 函数或 bar 方法也支持 xerr 和 yerr 两个参数，所以也可以为柱形图添加误差棒。下面的代码为柱形图中的每个柱形添加垂直方向的误差棒，如图 5-74 所示。

```
import matplotlib.pyplot as plt
x = range(1, 7)
height = [20, 50, 90, 60, 30, 70]
yerr = 6
fig, ax = plt.subplots()
ax.bar(x, height, yerr=yerr)
plt.show()
```

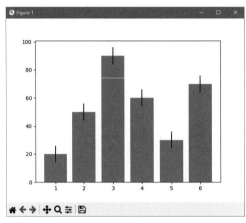

图 5-74　在柱形图中添加垂直方向的误差棒

第6章

使用Seaborn创建不同类型的图表

在充分理解使用 Matplotlib 创建图表的原理和方法之后，会更容易学习和使用 Seaborn 创建图表，因为 Seaborn 是在 Matplotlib 的基础上开发出来的另一个 Python 可视化工具，它的很多用法和语法都与 Matplotlib 非常相似，甚至相同。本章将介绍使用 Seaborn 创建不同类型图表的方法，其中包括适用于绝大多数图表的通用操作。

6.1　快速了解 Seaborn

在开始使用 Seaborn 之前，首先需要了解 Seaborn 的一些背景信息，包括 Seaborn 和 Matplotlib 的区别和联系、安装 Seaborn，以及使用 Seaborn 时需要导入的库，这些都是确保正确使用 Seaborn 所需了解的重要内容。

6.1.1　安装 Seaborn

安装 Seaborn 与安装 Matplotlib 并无本质区别，如果是在命令行中安装 Seaborn，则需要输入以下语句，Seaborn 的名称必须使用小写英文字母。

```
pip install seaborn
```

在虚拟环境或 Anaconda 中安装 Seaborn 的方法可参考第 1 章。

6.1.2　Seaborn 和 Matplotlib 的区别和联系

Seaborn 是在 Matplotlib 的基础上实现的，所以与 Matplotlib 有着紧密的联系，但是它们之间也存在一些显著的区别。使用 Seaborn 时需要了解以下几点：

- Seaborn 也提供了函数式和面向对象两种编程方式，但是面向对象编程方式不如 Matplotlib 中的更全面、更完善。
- 使用 Seaborn 创建图表所使用的数据类型可以是 Python 内置的列表对象和字典对象，还可以是 NumPy 中的 Ndarray 对象，以及 Pandas 中的 Series 对象和 DataFrame 对象。

- Seaborn 提供了一些在 Matplotlib 中没有的图表类型。
- 使用 Seaborn 创建的图表仍然显示在基于 Matplotlib 的图形中，Matplotlib 中有关图形和坐标系的操作同样适用于 Seaborn。

6.1.3 使用 Seaborn 创建图表时需要导入的库

每次使用 Seaborn 创建图表时，需要使用下面的代码导入该库。sns 是 Seaborn 官方使用的别名，所以本书也使用该名称。

```
import seaborn as sns
```

由于 Seaborn 是基于 Matplotlib 实现的，所以还需要使用下面的代码导入 Matplotlib 库中的 pyplot 模块。

```
import matplotlib.pyplot as plt
```

如果在 Seaborn 中创建图表时的数据类型是 Pandas 库中的 Series 对象或 DataFrame 对象，则还需要使用下面的代码导入 Pandas 库。

```
import pandas as pd
```

6.2 Seaborn 通用操作

本节将介绍适用于绝大多数图表类型的一些通用操作，为了节省篇幅，这些内容不会在后面创建每种图表时重复出现。如果对使用 Seaborn 创建图表还不熟悉，可以先从 6.3 节开始学习，以后可以随时跳转到本节查看所需的内容。

6.2.1 设置主题

使用主题可以快速美化图表的外观，在 Seaborn 中可以使用 set_style 函数为创建的图表设置主题。表 6-1 列出了 Seaborn 提供的 5 种主题，第一列中的英文名称是需要在代码中设置的主题名称，将该名称设置为 style 参数的值，ticks 主题是 Seaborn 的默认主题。

表 6-1　Seaborn 中的 5 种主题

主题名称	说　　明
ticks	带刻度的白色背景
white	白色背景

续表

主题名称	说　明
whitegrid	带网格的白色背景
dark	暗色背景
darkgrid	带网格的暗色背景

下面的代码将为创建的柱形图设置名为 ticks 的主题，如图 6-1 所示。

```
import matplotlib.pyplot as plt
import seaborn as sns
sns.set_style(style='ticks')
x = range(1, 7)
y = [2, 7, 6, 8, 3, 5]
sns.barplot(x=x, y=y)
plt.show()
```

如图 6-2 所示是设置为 darkgrid 主题时的效果。

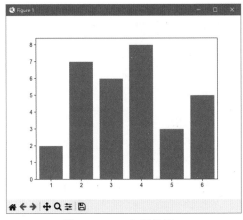

图 6-1　ticks 主题效果

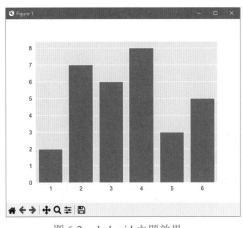

图 6-2　darkgrid 主题效果

6.2.2　正常显示中文

当想要在图表中显示中文时，Seaborn 与 Matplotlib 存在同样的问题，在 Seaborn 中默认无法正常显示中文。解决这个问题的方法也是需要在程序的开头加入类似下面的代码，为当前环境使用一种中文字体。本例使用的是宋体，也可以将 SimSun 替换为其他字体，例如黑体 SimHei 或楷体 KaiTi。

```
sns.set_style({'font.sans-serif': 'SimSun'})
```

6.2.3 设置标题

在 Seaborn 中使用函数创建不同类型的图表时，这些函数都会返回 Matplotlib 中的 Axes 对象。使用该对象的 set_title 方法可以为图表添加标题，使用该对象的 set_xlabel 方法和 set_ylabel 方法可以分别为 x 轴和 y 轴添加标题。

下面的代码将在图表的上方添加图表标题，并为图表的 x 轴和 y 轴添加坐标轴标题，如图 6-3 所示。

```python
import matplotlib.pyplot as plt
import seaborn as sns
sns.set_style({'font.sans-serif': 'SimSun'})
x = range(1, 7)
y = [2, 7, 6, 8, 3, 5]
ax = sns.barplot(x=x, y=y)
ax.set_title(' 图表标题 ')
ax.set_xlabel('X 轴标题 ')
ax.set_ylabel('Y 轴标题 ')
plt.show()
```

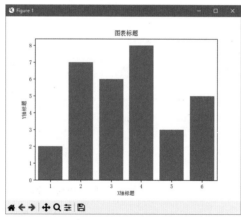

图 6-3　为图表和坐标轴添加标题

6.2.4 设置图例

在 Seaborn 中设置图例需要使用 Matplotlib 中的 legend 函数，其中 loc 参数用于指定图例的位置。Seaborn 中图例的位置也有 9 种，将它们设置为 loc 参数的值，即可改变图例的位置，图例位置的取值可参考表 4-2。

如需在图表中显示图例，在使用绘图函数创建图表时，需要为函数指定 label 参数，以便为数据添加标签。下面的代码将在创建的柱形图中显示图例，如图 6-4 所示。

```
import matplotlib.pyplot as plt
import seaborn as sns
sns.set_style({'font.sans-serif': 'SimSun'})
x = range(1, 7)
y = [2, 7, 6, 8, 3, 5]
sns.barplot(x=x, y=y, label=' 数量 ')
plt.show()
```

下面的代码将图例显示在图表的左上角，如图 6-5 所示。

```
import matplotlib.pyplot as plt
import seaborn as sns
sns.set_style({'font.sans-serif': 'SimSun'})
x = range(1, 7)
y = [2, 7, 6, 8, 3, 5]
sns.barplot(x=x, y=y, label=' 数量 ')
plt.legend(loc='upper left')
plt.show()
```

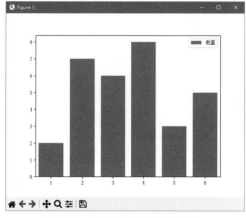

图 6-4　在柱形图中显示图例

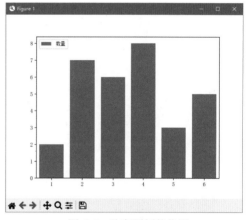

图 6-5　改变图例的位置

6.2.5　设置坐标轴的取值范围

在 Seaborn 中设置坐标轴的取值范围需要使用 Axes 对象的 set_xlim 和 set_ylim 两个方法。set_xlim 方法用于设置 x 轴的取值范围，set_ylim 方法用于设置 y 轴的取值范围。下面的代码将 y 轴的取值范围设置为 0 ～ 10，如图 6-6 所示。

```
import matplotlib.pyplot as plt
import seaborn as sns
x = range(1, 7)
y = [2, 7, 6, 8, 3, 5]
```

```
ax = sns.barplot(x=x, y=y)
ax.set_ylim(0, 10)
plt.show()
```

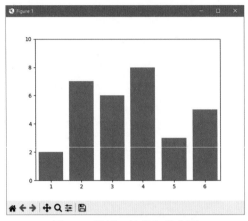

图 6-6　设置 y 轴的取值范围

6.2.6　设置坐标轴的刻度及其标签

6.2.5 节创建的图表中的 y 轴的刻度不是连续的，两个相邻刻度的差值是 2，如需使刻度呈整数序列连续显示，可以使用 Axes 对象的 set_yticks 方法。下面是修改后的代码，将 y 轴刻度从 0 开始连续显示，如图 6-7 所示。使用 Axes 对象的 set_xticks 方法可以修改 x 轴的刻度。

```
import matplotlib.pyplot as plt
import seaborn as sns
x = range(1, 7)
y = [2, 7, 6, 8, 3, 5]
ax = sns.barplot(x=x, y=y)
ax.set_ylim(0, 10)
ax.set_yticks(range(0, 11))
plt.show()
```

刻度标签是显示在坐标轴刻度旁边的数字或文字，使用 Axes 对象的 set_xticklabels 方法可以修改 x 轴的刻度标签，使用 Axes 对象的 set_yticklabels 方法可以修改 y 轴的刻度标签，这两个方法的第一个参数 label 表示刻度标签的内容。

下面的代码将 x 轴的刻度标签设置为"数字 + 月"的格式，如图 6-8 所示。

```
import matplotlib.pyplot as plt
import seaborn as sns
sns.set_style({'font.sans-serif': 'SimSun'})
```

```
x = range(1, 7)
y = [2, 7, 6, 8, 3, 5]
x_date = [str(d) + '月' for d in x]
ax = sns.barplot(x=x, y=y)
ax.set_xticklabels(x_date)
plt.show()
```

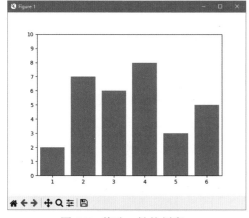

图 6-7 修改 y 轴的刻度

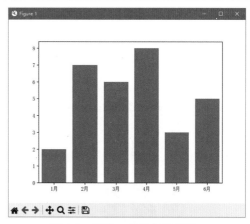

图 6-8 修改 x 轴的刻度标签

6.3 创建柱形图

在 Seaborn 中可以使用 barplot 函数创建柱形图，关于柱形图的更多说明可参考 5.1 节。

6.3.1 创建基本柱形图

使用 barplot 函数创建柱形图时，data 参数表示要绘制到柱形图中的所有数据，x 参数表示 data 参数中要用作 x 轴的数据，y 参数表示 data 参数中要用作 y 轴的数据。barplot 函数的所有参数都是关键字参数，虽然可以不指定任何参数，但是此时创建的是一个空白图形。

创建柱形图最简单的方法是像 Matplotlib 中的 bar 函数一样，分别指定要绘制到 x 轴和 y 轴的数据，这些数据都是序列对象类型。下面的代码将创建如图 6-9 所示的柱形图。

```
import matplotlib.pyplot as plt
import seaborn as sns
x = range(1, 7)
y = [20, 50, 90, 60, 30, 70]
```

```
sns.barplot(x=x, y=y)
plt.show()
```

将上面的代码改写为以下形式，可以将 y 轴的刻度细化并显示完整，如图 6-10 所示。

```
import matplotlib.pyplot as plt
import seaborn as sns
x = range(1, 7)
y = [20, 50, 90, 60, 30, 70]
ax = sns.barplot(x=x, y=y)
ax.set_yticks(range(0, 101, 10))
plt.show()
```

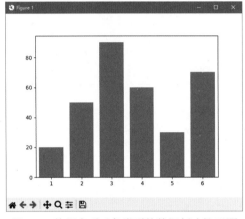 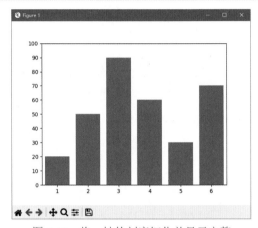

图 6-9　使用序列对象类型的数据创建柱形图　　　图 6-10　将 y 轴的刻度细化并显示完整

也可以使用字典对象作为创建图表的数据类型。在字典中包含要绘制到图表中的所有数据，将其作为 data 参数，还需要指定绘制到 x 轴和 y 轴的数据，将这两个参数的值设置为字典的某个键。本例代码如下，创建的柱形图如图 6-11 所示，此时会自动在图表中添加坐标轴标题。

```
import matplotlib.pyplot as plt
import seaborn as sns
sns.set_style({'font.sans-serif': 'SimSun'})
month = range(1, 7)
counts = [20, 50, 90, 60, 30, 70]
data = dict(zip(['月份', '数量'], [month, counts]))
sns.barplot(data, x='月份', y='数量')
plt.show()
```

提示：可以将用作字典的键的两个名称保存到一个变量中，然后在后续的代码中使用该变量及其切片代替输入的字面值，修改后的代码如下。title[0] 返回列表中的第一个元素，即"月份"，title[1] 返回列表中的第二个元素，即"数量"。

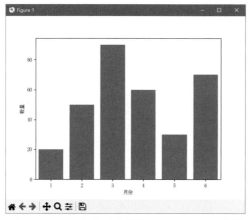

图 6-11　使用字典对象类型的数据创建柱形图

```
import matplotlib.pyplot as plt
import seaborn as sns
sns.set_style({'font.sans-serif': 'SimSun'})
month = range(1, 7)
counts = [20, 50, 90, 60, 30, 70]
title = ['月份', '数量']
data = dict(zip(title, [month, counts]))
sns.barplot(data, x=title[0], y=title[1])
plt.show()
```

还可以使用 Pandas 中的 Series 对象或 DataFrame 对象作为创建图表的数据类型，这种方式在使用 Pandas 中的 read_csv 和 read_excel 等函数从文件中读取数据后创建图表时比较方便，因为这类函数的返回值就是 DataFrame 对象类型，第 8 章的项目实战将集中介绍使用 DataFrame 对象类型的数据来创建图表。

下面的代码是使用 Series 对象和 DataFrame 对象类型的数据创建柱形图，此时需要使用 import 语句导入 Pandas 库。

```
import matplotlib.pyplot as plt
import pandas as pd
import seaborn as sns
sns.set_style({'font.sans-serif': 'SimSun'})
month = pd.Series(range(1, 7))
counts = pd.Series([20, 50, 90, 60, 30, 70])
data = pd.DataFrame(dict(zip(['月份', '数量'], [month, counts])))
sns.barplot(data, x='月份', y='数量')
plt.show()
```

本小节以柱形图为例，介绍了使用 Seaborn 创建图表时可以使用的多种数据类型，后面的示例不再演示所有可用的数据类型，而只选择其中一种数据类型来创建图表。

6.3.2 调整柱形图中柱形的排列顺序

为 barplot 函数指定 order 参数，可以调整柱形图中柱形的排列顺序。下面的代码将在柱形图中先显示 1、3、5 月的数据，再显示 2、4、6 月的数据，如图 6-12 所示。

```python
import matplotlib.pyplot as plt
import seaborn as sns
sns.set_style({'font.sans-serif': 'SimSun'})
month = range(1, 7)
counts = [20, 50, 90, 60, 30, 70]
title = ['月份', '数量']
month_new = [1, 3, 5, 2, 4, 6]
data = dict(zip(title, [month, counts]))
sns.barplot(data, x=title[0], y=title[1], order=month_new)
plt.show()
```

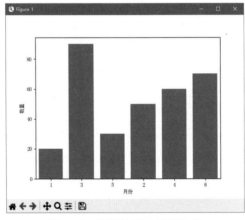

图 6-12　调整柱形的排列顺序

6.3.3 将柱形图转换为条形图

使用 barplot 函数也可以创建条形图，此时需要为该函数指定 orient 参数，并将其值设置为 h，同时需要将 x 参数和 y 参数的值对调。下面的代码将创建如图 6-13 所示的条形图，x 轴显示数量，y 轴显示月份。

```python
import matplotlib.pyplot as plt
import seaborn as sns
sns.set_style({'font.sans-serif': 'SimSun'})
month = range(1, 7)
counts = [20, 50, 90, 60, 30, 70]
title = ['月份', '数量']
```

```
data = dict(zip(title, [month, counts]))
sns.barplot(data, x=title[1], y=title[0], orient='h')
plt.show()
```

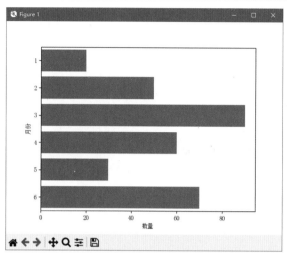

图 6-13　条形图

6.4　创建折线图

在 Seaborn 中可以使用 lineplot 函数创建折线图，关于折线图的更多说明可参考
5.3 节。

6.4.1　创建只有一条折线的折线图

使用 lineplot 函数创建折线图时，需要指定的几个主要参数与 barplot 函数相同，data
参数表示用于创建折线图的所有数据，x 和 y 两个参数分别表示要绘制到 x 轴和 y 轴的数
据。下面的代码将创建如图 6-14 所示的只有一条折线的折线图。

```
import matplotlib.pyplot as plt
import seaborn as sns
sns.set_style({'font.sans-serif': 'SimSun'})
month = range(1, 7)
counts = [20, 30, 70, 50, 90, 60]
title = ['月份', '数量']
data = dict(zip(title, [month, counts]))
sns.lineplot(data, x=title[0], y=title[1])
plt.show()
```

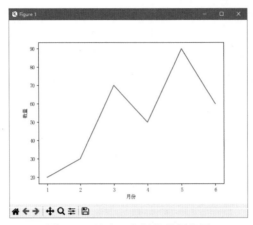

图 6-14　只有一条折线的折线图

6.4.2　创建包含多条折线的折线图

如需在折线图中绘制多条折线，只需多次调用 lineplot 函数即可，每次指定相同的 data 参数和 x 参数，但是需要指定不同的 y 参数。这就需要为 data 参数指定的数据包含 3 列，其中一列显示在 x 轴，另外两列显示在 y 轴。

下面的代码将创建包含两条折线的折线图，如图 6-15 所示。在本例代码中，使用一个变量保存绘制到 x 轴的数据，使用另外两个变量保存两组要绘制到 y 轴的数据。将 title 列表中的"数量"改为"北京"和"上海"，以便与保存 y 轴数据的两个变量相对应。然后使用 dict 函数和 zip 函数为以上 3 组名称和数据创建字典，最后使用该字典在折线图中绘制两条折线，每条折线的 x 轴都使用同一组数据，每条折线的 y 轴使用不同的数据。

```python
import matplotlib.pyplot as plt
import seaborn as sns
sns.set_style({'font.sans-serif': 'SimSun'})
month = range(1, 7)
beijing = [20, 30, 70, 50, 90, 60]
shanghai = [50, 20, 50, 20, 60, 50]
title = ['月份', '北京', '上海']
data = dict(zip(title, [month, beijing, shanghai]))
sns.lineplot(data, x=title[0], y=title[1])
sns.lineplot(data, x=title[0], y=title[2])
plt.show()
```

使用上面的代码创建的图表存在以下两个问题：

- y 轴标题显示有误，应该显示"数量"，但显示的是其中一组数据的标题。
- 没有显示图例，无法识别每条折线表示的是哪组数据。

下面是改进后的代码，创建的折线图如图 6-16 所示。每次调用 lineplot 函数创建折线图时都指定 label 参数，为每组数据添加标签，使其能够正确显示在图例中。使用 Axes 对象的 set_ylabel 方法修改 y 轴的标题。使用 Axes 对象的 legend 方法在图表中显示图例，并为其指定 loc 参数，将图例显示在左上角。

```python
import matplotlib.pyplot as plt
import seaborn as sns
sns.set_style({'font.sans-serif': 'SimSun'})
month = range(1, 7)
beijing = [20, 30, 70, 50, 90, 60]
shanghai = [50, 20, 50, 20, 60, 50]
title = ['月份', '北京', '上海']
data = dict(zip(title, [month, beijing, shanghai]))
ax = sns.lineplot(data, x=title[0], y=title[1], label=title[1])
ax = sns.lineplot(data, x=title[0], y=title[2], label=title[2])
ax.set_ylabel('数量')
ax.legend(loc='upper left')
plt.show()
```

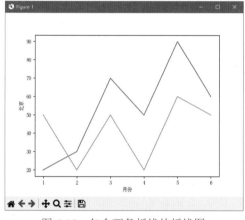

图 6-15　包含两条折线的折线图

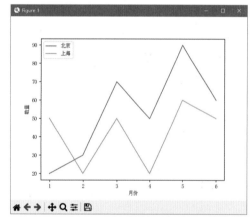

图 6-16　改进后的折线图

6.4.3　设置折线的线型和宽度

为 lineplot 函数指定 linestyle 和 linewidth 两个参数，可以设置折线的线型和宽度，两个参数的取值与 Matplotlib 中的同名参数的取值相同。下面的代码将折线的线型设置为虚线，如图 6-17 所示。

```python
import matplotlib.pyplot as plt
import seaborn as sns
```

```
sns.set_style({'font.sans-serif': 'SimSun'})
month = range(1, 7)
counts = [20, 30, 70, 50, 90, 60]
title = ['月份', '数量']
data = dict(zip(title, [month, counts]))
sns.lineplot(data, x=title[0], y=title[1], linestyle='--')
plt.show()
```

下面的代码将折线的宽度设置为 6 个像素，如图 6-18 所示。

```
import matplotlib.pyplot as plt
import seaborn as sns
sns.set_style({'font.sans-serif': 'SimSun'})
month = range(1, 7)
counts = [20, 30, 70, 50, 90, 60]
title = ['月份', '数量']
data = dict(zip(title, [month, counts]))
sns.lineplot(data, x=title[0], y=title[1], linewidth=6)
plt.show()
```

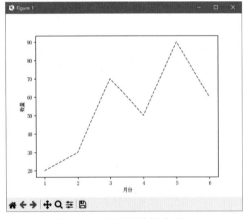

图 6-17　设置折线的线型

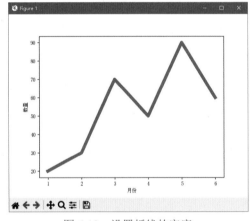

图 6-18　设置折线的宽度

6.5　创建散点图

在 Seaborn 中可以使用 scatterplot 函数创建散点图，关于散点图的更多说明请参考第 5 章的 5.4 节。

6.5.1　创建基本散点图

使用 scatterplot 函数创建散点图时，需要指定的几个主要参数仍然是 data、x 和 y，它们的含义与前面介绍过的 barplot 和 lineplot 函数的同名参数相同，Seaborn 中的大多数绘图函数都包含这几个参数。

下面的代码将创建如图 6-19 所示的散点图。

```
import matplotlib.pyplot as plt
import seaborn as sns
sns.set_style({'font.sans-serif': 'SimSun'})
month = range(1, 10)
counts = [20, 30, 70, 50, 90, 60, 40, 10, 80]
title = ['月份', '数量']
data = dict(zip(title, [month, counts]))
sns.scatterplot(data, x=title[0], y=title[1])
plt.show()
```

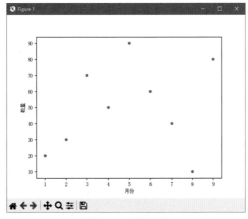

图 6-19　散点图

6.5.2　更改点的形状和大小

为 scatterplot 函数指定 marker 和 s 两个参数，可以更改点的形状和大小。下面的代码将散点图中各个点的形状更改为菱形，如图 6-20 所示。

```
import matplotlib.pyplot as plt
import seaborn as sns
sns.set_style({'font.sans-serif': 'SimSun'})
month = range(1, 10)
counts = [20, 30, 70, 50, 90, 60, 40, 10, 80]
title = ['月份', '数量']
data = dict(zip(title, [month, counts]))
sns.scatterplot(data, x=title[0], y=title[1], marker='D')
plt.show()
```

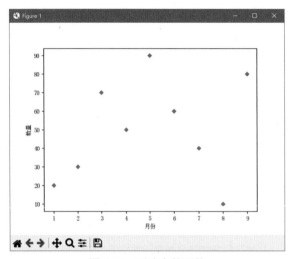

图 6-20　更改点的形状

下面的代码将散点图中各个点的形状设置为菱形，各个点的大小为 100 个像素，如图 6-21 所示。

```python
import matplotlib.pyplot as plt
import seaborn as sns
sns.set_style({'font.sans-serif': 'SimSun'})
month = range(1, 10)
counts = [20, 30, 70, 50, 90, 60, 40, 10, 80]
title = ['月份', '数量']
data = dict(zip(title, [month, counts]))
sns.scatterplot(data, x=title[0], y=title[1], marker='D', s=100)
plt.show()
```

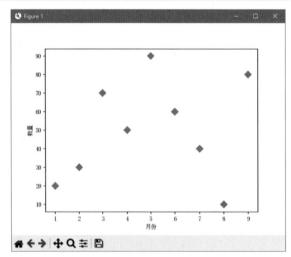

图 6-21　设置点的大小

6.5.3　在散点图中添加特征标记

如需根据某一组数据对散点图中的各个点从外观上进行区分，可以为 scatterplot 函数指定 hue、size 和 style 三个参数之一或全部。hue 参数按照颜色区分各个点，size 参数按照大小区分各个点，style 参数按照形状区分各个点。Seaborn 中的很多绘图函数都包含这3 个参数中的一个或多个。

下面的代码根据产品等级（由 grade 变量提供）自动调整各个点的大小，如图 6-22 所示。

```
import matplotlib.pyplot as plt
import seaborn as sns
sns.set_style({'font.sans-serif': 'SimSun'})
month = range(1, 10)
counts = [20, 30, 70, 50, 90, 60, 40, 10, 80]
grade = list('ABCABBCCC')
title = ['月份', '数量', '等级']
data = dict(zip(title, [month, counts, grade]))
sns.scatterplot(data, x=title[0], y=title[1], size=title[2])
plt.show()
```

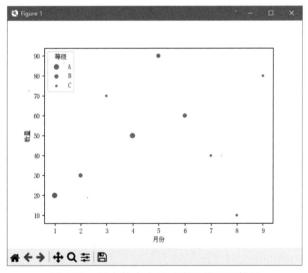

图 6-22　以点的大小反映产品的不同等级

下面的代码同时使用 hue、size 和 style 三个参数，通过点的颜色、大小和形状来反映产品的不同等级，如图 6-23 所示。

```
import matplotlib.pyplot as plt
import seaborn as sns
sns.set_style({'font.sans-serif': 'SimSun'})
```

```
month = range(1, 10)
counts = [20, 30, 70, 50, 90, 60, 40, 10, 80]
grade = list('ABCABBCCC')
title = ['月份', '数量', '等级']
data = dict(zip(title, [month, counts, grade]))
sns.scatterplot(data, x=title[0], y=title[1], hue=title[2], size=title[2], style=title[2])
plt.show()
```

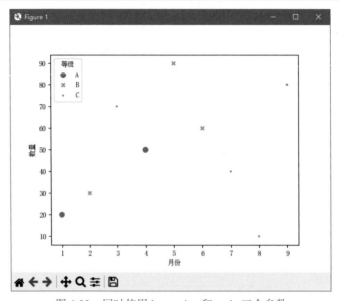

图 6-23　同时使用 hue、size 和 style 三个参数

6.5.4　创建分布散点图

与前面介绍的散点图不同，分布散点图主要用于展示数据的分布情况。在 Seaborn 中可以使用 stripplot 函数创建分布散点图。下面的代码将创建如图 6-24 所示的散点图，在 x 轴上显示产品的等级分类，在 y 轴上显示数量，该图表展示了各个产品等级包含的产品数量的分布情况。

```
import matplotlib.pyplot as plt
import seaborn as sns
sns.set_style({'font.sans-serif': 'SimSun'})
month = range(1, 10)
counts = [20, 30, 70, 50, 90, 60, 40, 10, 80]
grade = list('ABCABBCCC')
title = ['月份', '数量', '等级']
data = dict(zip(title, [month, counts, grade]))
```

```
sns.stripplot(data, x=title[2], y=title[1])
plt.show()
```

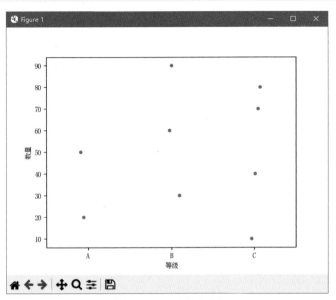

图 6-24　分布散点图

6.6　创建直方图

在 Seaborn 中可以使用 histplot 函数创建直方图，关于直方图的更多说明请参考第 5
章的 5.6 节。

6.6.1　创建自动分组的直方图

使用 histplot 函数创建直方图时，Seaborn 会自动对数据进行分组，并统计各个区间的
数据个数。为 histplot 函数指定 bins 参数，并将其值设置为一个整数时，表示为数据划分
的区间数量，每个区间的左右边界由 Seaborn 自动确定。

下面的代码将创建如图 6-25 所示的直方图，根据数据中的最小值和最大值，自动将
所有数据划分为 5 个区间，并统计每个区间的数据个数。

```
import matplotlib.pyplot as plt
import seaborn as sns
x = [1, 3, 10, 12, 16, 25, 27, 31, 33, 36, 45, 52, 56]
sns.histplot(x=x, bins=5)
plt.show()
```

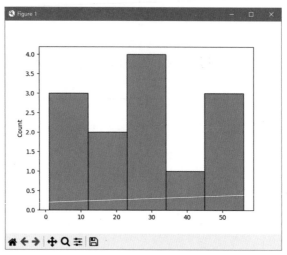

图 6-25　自动分组的直方图

6.6.2　创建手动分组的直方图

为了获得更准确的区间，通常需要手动分组，只需将表示每个区间边界的值以列表的形式设置给 bins 参数，Seaborn 就会自动创建各个区间，如图 6-26 所示。

```python
import matplotlib.pyplot as plt
import seaborn as sns
x = [1, 3, 10, 12, 16, 25, 27, 31, 33, 36, 45, 52, 56]
bins = [0, 10, 20, 30, 40, 50, 60]
sns.histplot(x=x, bins=bins)
plt.show()
```

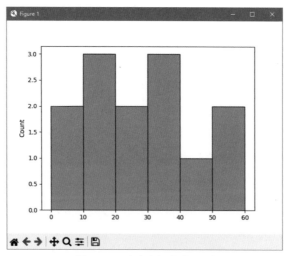

图 6-26　手动分组的直方图

6.7　创建箱形图

在 Seaborn 中可以使用 boxplot 函数创建箱形图，关于箱形图的更多说明请参考第 5 章的 5.9 节。

6.7.1　创建基本箱形图

下面的代码将创建如图 6-27 所示的箱形图。

```
import matplotlib.pyplot as plt
import seaborn as sns
sns.set_style({'font.sans-serif': 'SimSun'})
month = range(1, 7)
counts = [20, 50, 90, 60, 30, 70]
data = dict(zip(['月份', '数量'], [month, counts]))
sns.boxplot(data, y='数量')
plt.show()
```

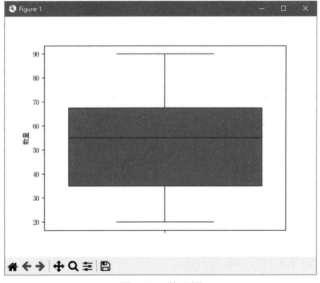

图 6-27　箱形图

6.7.2　创建包含异常值的箱形图

如果数据中存在异常值，则在创建的箱形图中会自动显示异常值。下面的代码将创建如图 6-28 所示的箱形图，其中以圆圈的形式显示异常值。

```
import matplotlib.pyplot as plt
import seaborn as sns
sns.set_style({'font.sans-serif': 'SimSun'})
month = range(1, 7)
counts = [20, 50, 90, 60, 30, 160]
data = dict(zip(['月份', '数量'], [month, counts]))
sns.boxplot(data, y='数量')
plt.show()
```

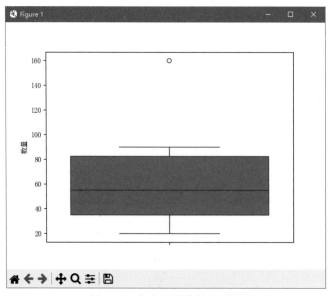

图 6-28　包含异常值的箱形图

6.7.3　为多组数据创建箱形图

下面的代码将创建如图 6-29 所示的箱形图，其中包含多个箱子。

```
import matplotlib.pyplot as plt
import seaborn as sns
sns.set_style({'font.sans-serif': 'SimSun'})
month = [1, 1, 2, 1, 2, 3, 3, 2, 1, 2, 1, 1]
counts = [20, 30, 70, 50, 90, 60, 70, 10, 30, 20, 50, 30]
title = ['月份', '数量']
data = dict(zip(title, [month, counts]))
sns.boxplot(data, x=month, y=counts)
plt.show()
```

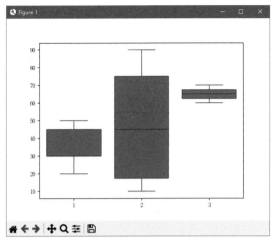

图 6-29　为多组数据创建箱形图

6.7.4　创建增强箱形图

与普通箱形图相比，增强箱形图能够显示更多的分位数，在 Seaborn 中可以使用 boxenplot 函数创建增强箱形图。下面的代码将创建如图 6-30 所示的增强箱形图，为了更好地展示增强箱形图的效果，本例使用 NumPy 库自动生成了 100 个 1 ～ 1000 的随机整数。

```python
import matplotlib.pyplot as plt
import seaborn as sns
import numpy as np
counts = np.random.randint(1, 1000, 100)
sns.boxenplot(y=counts)
plt.show()
```

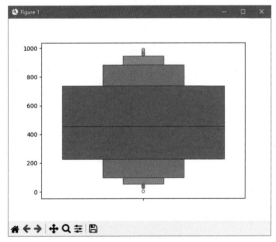

图 6-30　增强箱形图

6.8 创建热力图

在 Seaborn 中可以使用 heatmap 函数创建热力图，关于热力图的更多说明请参考第 5 章的 5.13 节。

6.8.1 创建基本热力图

使用 heatmap 函数创建热力图时，该函数的 data 参数的值必须是嵌套列表、二维数组或 DataFrame 对象。下面的代码将创建如图 6-31 所示的热力图，本例使用 NumPy 中的 arange 函数创建一个包含 9 个整数的一维数组，然后使用 Ndarray 对象的 reshape 方法，将其转换为 3 行 3 列的二维数组。

```
import matplotlib.pyplot as plt
import seaborn as sns
import numpy as np
data = np.arange(1, 10).reshape(3, 3)
sns.heatmap(data)
plt.show()
```

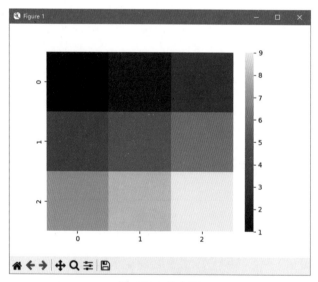

图 6-31　热力图

如需将左侧和底部的标签显示为指定的内容，可以将数组类型的数据创建为 DataFrame 类型，然后为其指定 index 参数和 columns 参数，以便定义 DataFrame 对象的行索引和列索引。下面的代码将热力图左侧和底部的标签都显示为"小""中""大"，如图 6-32 所示。

```
import matplotlib.pyplot as plt
import seaborn as sns
import pandas as pd
import numpy as np
sns.set_style({'font.sans-serif': 'SimSun'})
arr = np.arange(1, 10).reshape(3, 3)
index = list(' 小中大 ')
columns = list(' 小中大 ')
data = pd.DataFrame(arr, index=index, columns=columns)
sns.heatmap(data, annot=True)
plt.show()
```

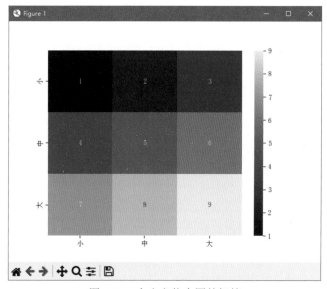

图 6-32　自定义热力图的标签

6.8.2　在热力图中显示数据

为 heatmap 函数指定 annot 参数，并将其值设置为 True，将在热力图的每个色块上显示相应的数据。下面的代码将创建如图 6-33 所示的热力图。

```
import matplotlib.pyplot as plt
import seaborn as sns
import numpy as np
data = np.arange(1, 10).reshape(3, 3)
sns.heatmap(data, annot=True)
plt.show()
```

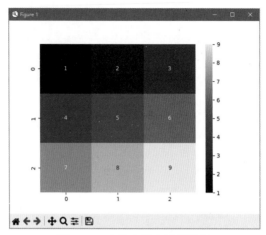

图 6-33　在热力图中显示数据

如需调整热力图色块上数据的字体大小，可以为 heatmap 函数指定 annot_kws 参数，其值是一个包含文本格式的字典对象。下面的代码将热力图色块上的数字的大小设置为 50 个像素，如图 6-34 所示。

```python
import matplotlib.pyplot as plt
import seaborn as sns
import pandas as pd
import numpy as np
sns.set_style({'font.sans-serif': 'SimSun'})
arr = np.arange(1, 10).reshape(3, 3)
index = list(' 小中大 ')
columns = list(' 小中大 ')
data = pd.DataFrame(arr, index=index, columns=columns)
sns.heatmap(data, annot=True, annot_kws=dict(fontsize=50))
plt.show()
```

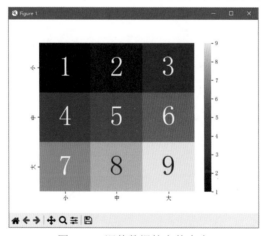

图 6-34　调整数据的字体大小

6.8.3　更改热力图的颜色

如需更改热力图的颜色，可以为 heatmap 函数指定 cmap 参数，并将其值设置为一个颜色映射选项。下面的代码将热力图的颜色设置为灰度配色方案，如图 6-35 所示。

```python
import matplotlib.pyplot as plt
import seaborn as sns
import pandas as pd
import numpy as np
sns.set_style({'font.sans-serif': 'SimSun'})
arr = np.arange(1, 10).reshape(3, 3)
index = list(' 小中大 ')
columns = list(' 小中大 ')
data = pd.DataFrame(arr, index=index, columns=columns)
sns.heatmap(data, annot=True, annot_kws=dict(fontsize=50), cmap=plt.cm.gray)
plt.show()
```

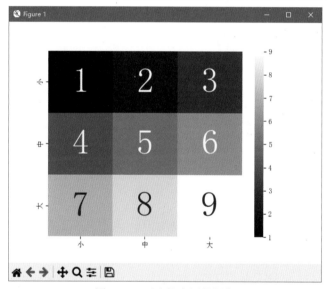

图 6-35　更改热力图的颜色

提示：如需将最大值设置为最深的颜色，将最小值设置为最浅的颜色，可以将上面代码中的 plt.cm.gray 改为 plt.cm.Grays。

6.9　创建核密度图

核密度图主要用于展示数据的分布情况，它与直方图的功能类似，但是它们的外观有两个显著区别：

- 核密度图使用的是曲线，直方图使用的是柱形。
- 核密度图的 y 轴表示数据的密度，直方图的 y 轴表示数据的个数。

在 Seaborn 中可以使用 kdeplot 函数创建核密度图。下面的代码将创建如图 6-36 所示的核密度图。

```python
import matplotlib.pyplot as plt
import seaborn as sns
x = [1, 3, 10, 12, 16, 25, 27, 31, 33, 36, 45, 52, 56]
sns.kdeplot(x=x)
plt.show()
```

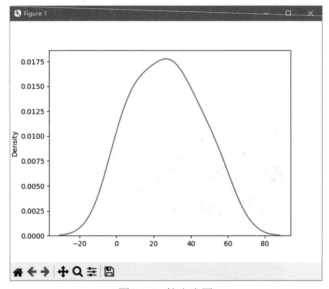

图 6-36　核密度图

下面的代码将创建如图 6-37 所示的核密度图，其中为 kdeplot 函数指定了 hue 参数，按照等级对数据进行分组。

```python
import matplotlib.pyplot as plt
import seaborn as sns
month = range(1, 10)
counts = [20, 30, 70, 50, 90, 60, 40, 10, 80]
grade = list('ABCABBCCC')
title = ['月份', '数量', '等级']
data = dict(zip(title, [month, counts, grade]))
sns.kdeplot(x=counts, hue=grade)
plt.show()
```

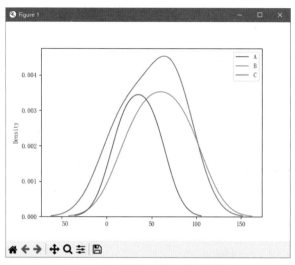

图 6-37　对数据分组的核密度图

如需将核密度图以面积的方式展示数据，可以为 kdeplot 函数指定 multiple 参数，并将其值设置为 stack。下面的代码将创建如图 6-38 所示的核密度图。

```python
import matplotlib.pyplot as plt
import seaborn as sns
month = range(1, 10)
counts = [20, 30, 70, 50, 90, 60, 40, 10, 80]
grade = list('ABCABBCCC')
title = ['月份', '数量', '等级']
data = dict(zip(title, [month, counts, grade]))
sns.kdeplot(x=counts, hue=grade, multiple='stack')
plt.show()
```

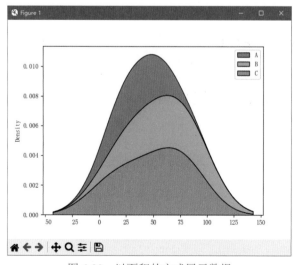

图 6-38　以面积的方式展示数据

6.10　创建小提琴图

小提琴图主要用于展示数据的分布形状，它结合了箱形图和核密度图的特征，小提琴图中的粗黑线表示四分数范围，延伸的细线表示 95% 的置信区间，白点表示中位线。在 Seaborn 中可以使用 violinplot 函数创建小提琴图。

下面的代码将创建如图 6-39 所示的小提琴图。

```
import matplotlib.pyplot as plt
import seaborn as sns
sns.set_style({'font.sans-serif': 'SimSun'})
month = range(1, 7)
counts = [20, 50, 90, 60, 30, 70]
data = dict(zip(['月份', '数量'], [month, counts]))
sns.violinplot(data, y='数量')
plt.show()
```

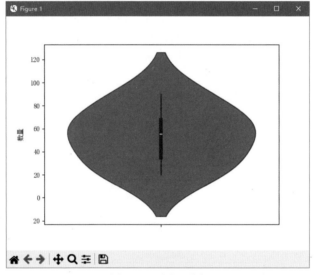

图 6-39　小提琴图

下面的代码将为多组数据创建小提琴图，如图 6-40 所示。

```
import matplotlib.pyplot as plt
import seaborn as sns
sns.set_style({'font.sans-serif': 'SimSun'})
month = [1, 1, 2, 1, 2, 3, 3, 2, 1, 2, 1, 1]
counts = [20, 30, 70, 50, 90, 60, 70, 10, 30, 20, 50, 30]
title = ['月份', '数量']
data = dict(zip(title, [month, counts]))
sns.violinplot(data, x=month, y=counts)
plt.show()
```

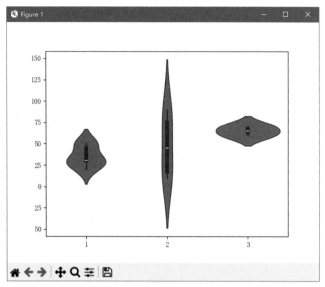

图 6-40　为多组数据创建小提琴图

6.11　创建线性回归图

线性回归图主要用于展示数据之间的线性关系，在 Seaborn 中可以使用 regplot 函数创建线性回归图。下面的代码将创建如图 6-41 所示的线性回归图，本例没有指定 data 参数，而是将两组数据分别指定为 x 参数和 y 参数的值，此时 x 和 y 两个参数的值需要是 Pandas 中的 Series 对象类型。

```python
import matplotlib.pyplot as plt
import seaborn as sns
import pandas as pd
x = pd.Series(range(1, 10))
y = pd.Series([10, 15, 18, 16, 20, 22, 25, 27, 30])
sns.regplot(x=x, y=y)
plt.show()
```

如果指定 data 参数，则只需将 x 和 y 两个参数的值设置为 data 参数中的字符串类型的列标签，此时 data 参数必须是 Pandas 中的 DataFrame 对象类型。下面的代码将创建相同的线性回归图，但是同时指定了 data、x 和 y 三个参数。

```python
import matplotlib.pyplot as plt
import seaborn as sns
import pandas as pd
import numpy as np
```

```
sns.set_style({'font.sans-serif': 'SimSun'})
x = range(1, 10)
y = [10, 15, 18, 16, 20, 22, 25, 27, 30]
data = [x, y]
title = ['月份', '数量']
df = pd.DataFrame(np.transpose(data), columns=title)
sns.regplot(data=df, x=title[0], y=title[1])
plt.show()
```

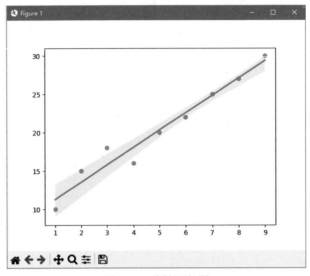

图 6-41 线性回归图

6.12 创建多个图表

在 Seaborn 中可以使用 subplots 函数创建多个图表，该函数的用法与在 Matplotlib 中创建多个图表的方法相同。

Seaborn 中的每个绘图函数都有一个 ax 参数，当在一个图形中创建多个坐标系时，该参数用于指定在哪个坐标系中创建图表。下面的代码将在一个图形中创建两个坐标系，然后在第一个坐标系中创建柱形图，如图 6-42 所示。

```
import matplotlib.pyplot as plt
import seaborn as sns
fig, axs = plt.subplots(2, 1)
month = range(1, 7)
counts = [20, 30, 70, 50, 90, 60]
sns.barplot(x=month, y=counts, ax=axs[0])
plt.show()
```

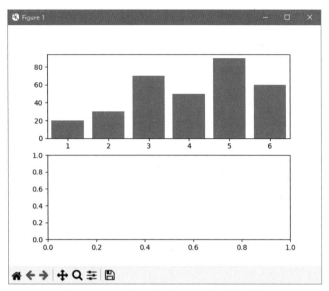

图 6-42　在第一个坐标系中创建柱形图

如需在下方的坐标系中创建图表，只需将上面代码中的 axs[0] 改为 axs[1] 即可，如图 6-43 所示。

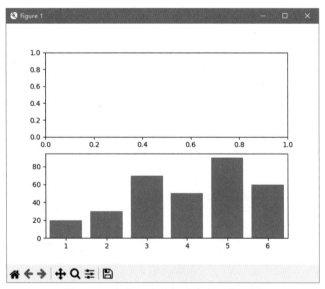

图 6-43　在第二个坐标系中创建柱形图

当创建的多个坐标系都位于同一行或同一列时，使用 ax 参数指定坐标系的方式都是相同的，即使用一个表示坐标系索引的数字来引用特定位置上的坐标系。垂直排列的多个坐标系中的顶部坐标系的索引为 0，水平排列的多个坐标系中的最左侧的坐标系的索引为 0。

下面的代码使用 subplots 函数创建了 4 个坐标系，它们分布在两行两列中，如图 6-44 所示。

```
import matplotlib.pyplot as plt
fig, axs = plt.subplots(2, 2)
plt.show()
```

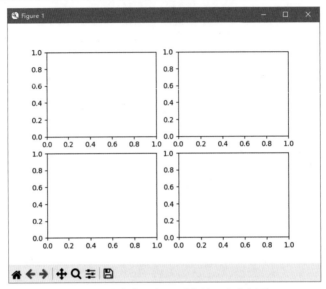

图 6-44　分布在 2 行 2 列中的 4 个坐标系

引用位于多行多列中的坐标系时，需要使用类似于点的坐标的方式。对于本例来说，左上角的坐标系的索引为 [0,0]，其右侧的坐标系的索引为 [0,1]，其下方的坐标系的索引为 [1,0]，右下角的坐标系的索引为 [1,1]。下面的代码将在左上角和右下角的两个坐标系中分别创建柱形图和折线图，如图 6-45 所示。

```
import matplotlib.pyplot as plt
import seaborn as sns
fig, axs = plt.subplots(2, 2)
month = range(1, 7)
counts = [20, 30, 70, 50, 90, 60]
sns.barplot(x=month, y=counts, ax=axs[0, 0])
sns.lineplot(x=month, y=counts, ax=axs[1, 1])
plt.show()
```

如需让所有坐标系尽量占据更多的空间，可以为 subplots 函数指定 layout 参数，并将其值设置为 constrained，此时创建的坐标系将使用最大的空间，如图 6-46 所示。

```
import matplotlib.pyplot as plt
import seaborn as sns
fig, axs = plt.subplots(2, 2, layout='constrained')
```

```
month = range(1, 7)
counts = [20, 30, 70, 50, 90, 60]
sns.barplot(x=month, y=counts, ax=axs[0, 0])
sns.lineplot(x=month, y=counts, ax=axs[1, 1])
plt.show()
```

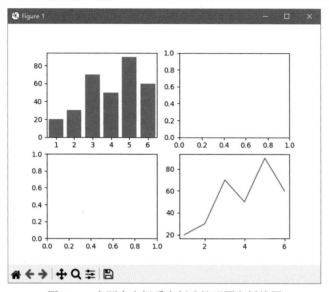

图 6-45 在两个坐标系中创建柱形图和折线图

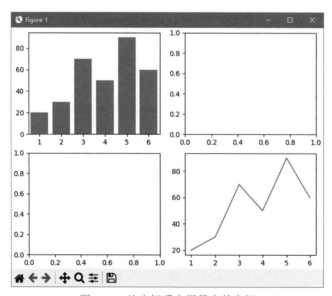

图 6-46 让坐标系占据最大的空间

第 7 章

使用Pyecharts创建不同类型的图表

Pyecharts 这个名称来自于 Python 和 Echarts，Echarts 是一个由百度开发的开源数据可视化库，使用 Python 对其封装后，可以在 Python 中使用 Echarts 进行数据可视化设计。使用 Pyecharts 可以创建交互式图表，并可将其嵌入到 Web 应用程序中，也可以将创建的图表保存为静态图片文件。使用 Pyecharts 创建的图表除了包括标题、图例、坐标轴等常规图表元素之外，还包括提示框、工具箱、视觉映射和区域缩放等特殊元素。Pyecharts 提供了丰富的配置选项，为创建不同风格的图表提供了高度的灵活性。本章将介绍使用 Pyecharts 创建不同类型图表以及配置图表元素的方法。

7.1 快速了解 Pyecharts

为了能够顺利使用 Pyecharts 创建图表，首先需要对 Pyecharts 有一些基本的了解，本节将介绍安装 Seaborn 的方法和使用 Pyecharts 创建图表的方式。

7.1.1 安装 Pyecharts

安装 Pyecharts 与安装 Matplotlib 和 Seaborn 的方法类似，如果是在命令行中安装 Seaborn，则需要输入以下语句，Pyecharts 的名称必须使用小写英文字母。

```
pip install pyecharts
```

7.1.2 使用 Pyecharts 创建图表的方式

使用 Pyecharts 创建图表时，编写的代码是面向对象方式的。Pyecharts 为创建每一类图表提供了相应的类，这些类位于 Pyecharts 库的 charts 模块中。使用特定的图表类创建一个图表对象，将类实例化。然后使用图表对象的方法创建特定类型的图表，并为图表设置相应的参数。

为了查看创建的图表，需要执行渲染操作，将创建的图表输出到 HTML 文件中，也可以将 HTML 文件中的图表保存为图片文件。如需添加和设置图表元素，例如标题、图例和坐标轴等，需要使用 Pyecharts 库的 options 模块设置相关选项。

以上是使用 Pyecharts 创建图表的基本流程，下面的代码将创建一个简单的图表。在当前工作目录中使用浏览器打开名为 render.html 的文件，将显示如图 7-1 所示的图表。

```
from pyecharts.charts import Bar
x = [1, 2, 3]
y = [30, 60, 90]
bar = Bar()
bar.add_xaxis(xaxis_data=x)
bar.add_yaxis(series_name=' 数量 ', y_axis=y)
bar.render()
```

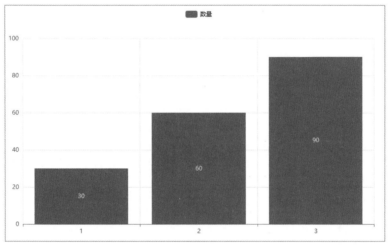

图 7-1　简单的图表示例

下面的代码展示的是前面提到的 Pyecharts 支持的链式调用，该方式使用一对小括号将创建和渲染图表的几行代码包围起来，并省略了每个方法开头的对象名称，但是需要保留对象名称与方法之间的点分隔符。

```
from pyecharts.charts import Bar
x = [1, 2, 3]
y = [30, 60, 90]
bar = (Bar()
.add_xaxis(xaxis_data=x)
.add_yaxis(series_name=' 数量 ', y_axis=y)
.render())
```

示例中的第一行代码用于导入 charts 模块中的 Bar 类，这是 Pyecharts 官方使用的方式。如果不喜欢使用 from import 语句形状，则可以只使用 import 语句导入 charts 模块，为其设置一个别名，然后在后续代码中使用该别名来引用要使用的图表类的名称。当类名比较长时，使用这种方法可以少输入几个字母。

```
import pyecharts.charts as pc
bar = pc.Bar()
```

7.2　创建不同类型的图表

Pyecharts 支持 30 多种图表，由于本书篇幅有限，本节将介绍其中比较常见的图表类型。大多数图表都包含很多相同的元素，设置这些元素的方法将在 7.3 节详细介绍，本节主要介绍创建各类图表的基本方法。

7.2.1　创建柱形图

在 Pyecharts 中创建柱形图需要使用 Bar 类。为了可以创建一个基本的柱形图，需要使用 Bar 类的 3 个方法，其他很多图表类都包含这 3 个方法。

- add_xaxis：将数据添加到 x 轴。该方法只有一个参数 xaxis_data，表示要添加的数据，数据的类型需要是列表对象。
- add_yaxis：将数据添加到 y 轴。该方法有两个主要参数，series_name 参数表示数据系列的名称，y_axis 参数表示要添加的数据，数据的类型需要是列表对象。
- render：渲染图表，将图表输出到指定的 HTML 文件中。该方法的 path 参数表示文件的完整路径，如果省略该参数，则默认在当前工作目录中创建名为 render.html 的文件。

下面的代码将创建如图 7-2 所示的柱形图。

```
from pyecharts.charts import Bar
month = list(range(1, 7))
count = [20, 50, 90, 60, 30, 70]
bar = Bar()
bar.add_xaxis(xaxis_data=month)
bar.add_yaxis(series_name=' 数量 ', y_axis=count)
bar.render()
```

如需在 x 轴的每个数字结尾添加"月"字，可以使用列表推导式，代码如下，创建的柱形图如图 7-3 所示。

```
from pyecharts.charts import Bar
month = [str(i) + '月 ' for i in range(1, 7)]
count = [20, 50, 90, 60, 30, 70]
bar = Bar()
bar.add_xaxis(xaxis_data=month)
bar.add_yaxis(series_name=' 数量 ', y_axis=count)
bar.render()
```

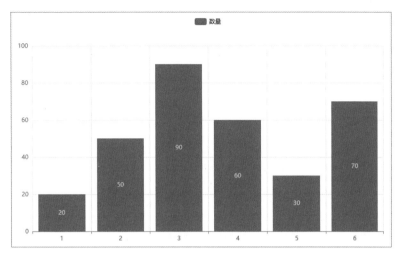

图 7-2 柱形图

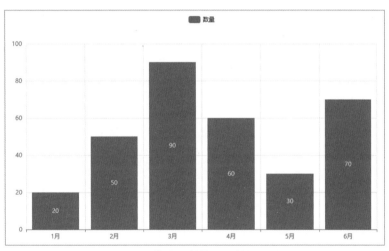

图 7-3 修改 x 轴数据后的柱形图

如果有多组数据，则可以将它们同时创建到同一个柱形图中，每一组数据对应于一组
柱形。下面的代码是使用两组数据创建的柱形图，如图 7-4 所示。

```
from pyecharts.charts import Bar
month = [str(i) + '月' for i in range(1, 7)]
bj = [20, 50, 90, 60, 30, 70]
sh = [10, 30, 70, 20, 80, 10]
bar = Bar()
bar.add_xaxis(xaxis_data=month)
bar.add_yaxis(series_name='北京', y_axis=bj)
bar.add_yaxis(series_name='上海', y_axis=sh)
bar.render()
```

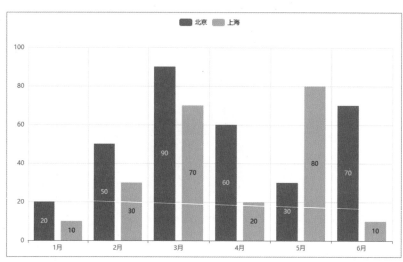

图 7-4　使用两组数据创建柱形图

如需为多组数据创建堆积柱形图，需要为每个 add_yaxis 方法指定 stack 参数，并将其值设置为 True。下面的代码是为两组数据创建堆积柱形图，如图 7-5 所示。

```python
from pyecharts.charts import Bar
month = [str(i) + '月' for i in range(1, 7)]
bj = [20, 50, 90, 60, 30, 70]
sh = [10, 30, 70, 20, 80, 10]
bar = Bar()
bar.add_xaxis(xaxis_data=month)
bar.add_yaxis(series_name='北京', y_axis=bj, stack=True)
bar.add_yaxis(series_name='上海', y_axis=sh, stack=True)
bar.render()
```

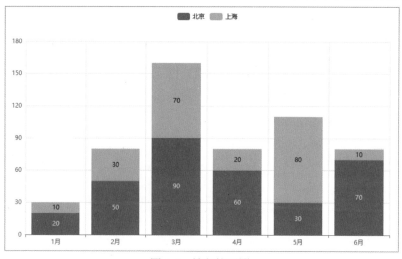

图 7-5　堆积柱形图

7.2.2　创建条形图

在 Pyecharts 中创建条形图也需要使用 Bar 类，但是需要比创建柱形图多使用一个该类的 reversal_axis 方法，该方法不需要指定参数，即可将柱形图转换方向后变成条形图。下面的代码将 7.2.1 小节创建的柱形图转换为条形图，如图 7-6 所示。

```
from pyecharts.charts import Bar
month = [str(i) + '月' for i in range(1, 7)]
count = [20, 50, 90, 60, 30, 70]
bar = Bar()
bar.add_xaxis(xaxis_data=month)
bar.add_yaxis(series_name='数量', y_axis=count)
bar.reversal_axis()
bar.render()
```

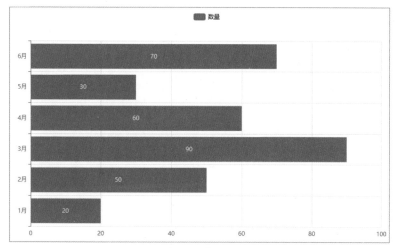

图 7-6　条形图

7.2.3　创建折线图

在 Pyecharts 中创建折线图需要使用 Line 类。为了可以创建一个基本的折线图，需要使用 Line 类的 add_xaxis、add_yaxis 和 render 三个方法，其含义和用法请参考 Bar 类。下面的代码将创建如图 7-7 所示的折线图。

```
from pyecharts.charts import Line
month = [str(i) + '月' for i in range(1, 7)]
count = [20, 50, 90, 60, 30, 70]
line = Line()
line.add_xaxis(xaxis_data=month)
line.add_yaxis(series_name='数量', y_axis=count)
```

```
line.render()
```

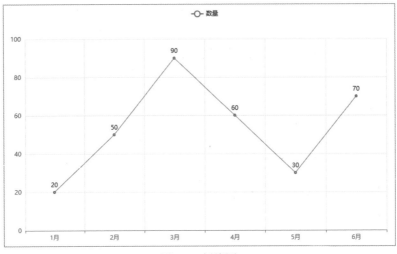

图 7-7　折线图

如需更改每个数据点对应的标记的大小，则应为 add_yaxis 方法指定 symbol_size 参数，并将其值设置为一个数字。下面的代码是将折线图中所有标记的大小设置为 20，如图 7-8 所示。

```
from pyecharts.charts import Line
month = [str(i) + '月' for i in range(1, 7)]
count = [20, 50, 90, 60, 30, 70]
line = Line()
line.add_xaxis(xaxis_data=month)
line.add_yaxis(series_name='数量', y_axis=count, symbol_size=20)
line.render()
```

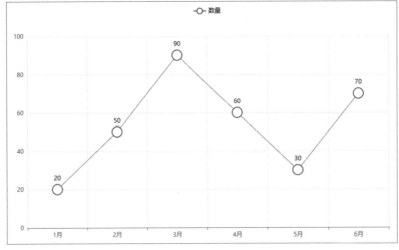

图 7-8　更改标记的大小

提示：更改折线的线型需要涉及更复杂的代码，将在 7.3.6 小节进行介绍。

下面的代码是使用两组数据创建折线图，将在折线图中绘制两条折线，如图 7-9 所示。

```python
from pyecharts.charts import Line
month = [str(i) + '月' for i in range(1, 7)]
bj = [20, 50, 90, 60, 30, 70]
sh = [10, 30, 70, 20, 80, 10]
line = Line()
line.add_xaxis(xaxis_data=month)
line.add_yaxis(series_name='北京', y_axis=bj)
line.add_yaxis(series_name='上海', y_axis=sh)
line.render()
```

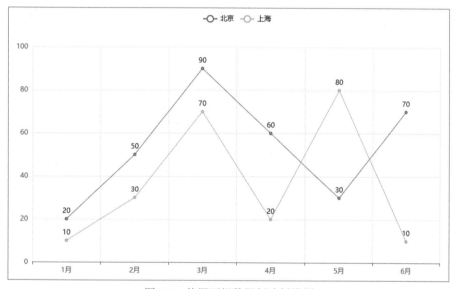

图 7-9　使用两组数据创建折线图

如需将折线改为平滑线，可以为 add_yaxis 方法指定 is_smooth 参数，并将其值设置为 True，如图 7-10 所示。

```python
from pyecharts.charts import Line
month = [str(i) + '月' for i in range(1, 7)]
bj = [20, 50, 90, 60, 30, 70]
sh = [10, 30, 70, 20, 80, 10]
line = Line()
line.add_xaxis(xaxis_data=month)
line.add_yaxis(series_name='北京', y_axis=bj, is_smooth=True)
line.add_yaxis(series_name='上海', y_axis=sh, is_smooth=True)
line.render()
```

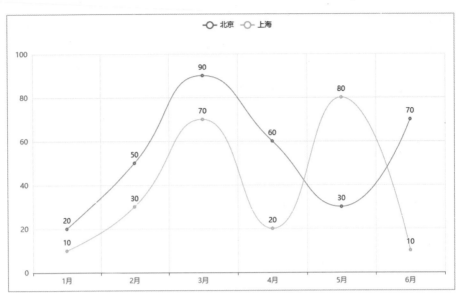

图 7-10　将折线改为平滑线

7.2.4　创建面积图

在 Pyecharts 中创建面积图也需要使用 Line，但是需要为 add_xaxis 方法指定 areastyle_opts 参数。需要额外编写一些特殊的代码，才能为该参数设置正确的值，这类代码的更多内容将在 7.3 节进行介绍。

下面的代码将创建如图 7-11 所示的面积图。areastyle_opts 参数的值位于 Pyecharts 的 options 模块中，所以在程序的开头需要使用 import 语句导入该模块。简单来说，areastyle_opts 参数的值是通过 options 模块中的 AreaStyleOpts 对象设置的，该对象的 opacity 参数表示填充颜色的透明度，取值为 0 ～ 1，0 表示完全透明，1 表示完全不透明。

```
from pyecharts.charts import Line
import pyecharts.options as opts
month = [str(i) + '月' for i in range(1, 7)]
bj = [20, 50, 90, 60, 30, 70]
sh = [10, 30, 70, 20, 80, 10]
line = Line()
line.add_xaxis(xaxis_data=month)
line.add_yaxis(series_name=' 北 京 ', y_axis=bj, areastyle_opts=opts.
AreaStyleOpts(opacity=1))
line.add_yaxis(series_name=' 上 海 ', y_axis=sh, areastyle_opts=opts.
AreaStyleOpts(opacity=1))
line.render()
```

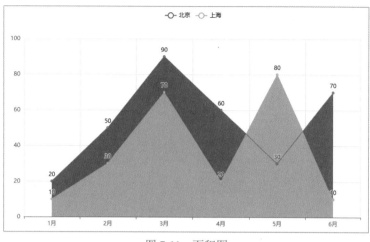

图 7-11　面积图

7.2.5　创建散点图

在 Pyecharts 中创建散点图需要使用 Scatter 类。为了可以创建一个基本的散点图，需要使用 Scatter 类的 add_xaxis、add_yaxis 和 render 三个方法，其含义和用法请参考 Bar 类。下面的代码将创建如图 7-12 所示的散点图。

```python
from pyecharts.charts import Scatter
month = [str(i) + '月' for i in range(1, 7)]
count = [20, 50, 90, 60, 30, 70]
scatter = Scatter()
scatter.add_xaxis(xaxis_data=month)
scatter.add_yaxis(series_name='数量', y_axis=count)
scatter.render()
```

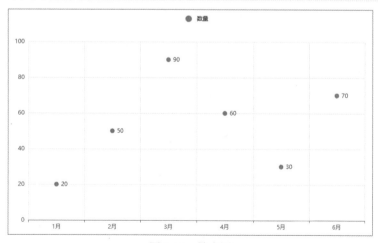

图 7-12　散点图

下面的代码使用两组数据创建散点图，如图 7-13 所示。

```python
from pyecharts.charts import Scatter
month = [str(i) + '月' for i in range(1, 7)]
bj = [20, 50, 90, 60, 30, 70]
sh = [10, 30, 70, 20, 80, 10]
scatter = Scatter()
scatter.add_xaxis(xaxis_data=month)
scatter.add_yaxis(series_name='北京', y_axis=bj)
scatter.add_yaxis(series_name='上海', y_axis=sh)
scatter.render()
```

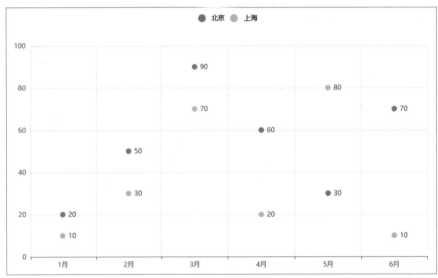

图 7-13　使用两组数据创建散点图

如需更改点的大小和形状，可以为 add_yaxis 方法指定 symbol_size 和 symbol 两个参数，symbol_size 参数用于设置点的大小，symbol 参数用于设置点的形状，该参数的取值如表 7-1 所示。

表 7-1　symbol 参数的取值

取　　值	形　　状
none	无
circle	圆形
rect	矩形
roundRect	圆角矩形
triangle	三角形

续表

取　　值	形　　状
diamond	钻石形
pin	大头针
arrow	箭头

下面的代码将散点图中所有点的大小设置为 30，将第一组数据的点的形状设置为三角形，将第二组数据点的形状保持为默认的圆形，如图 7-14 所示。

```
from pyecharts.charts import Scatter
month = [str(i) + '月' for i in range(1, 7)]
bj = [20, 50, 90, 60, 30, 70]
sh = [10, 30, 70, 20, 80, 10]
scatter = Scatter()
scatter.add_xaxis(xaxis_data=month)
scatter.add_yaxis(series_name='北京', y_axis=bj, symbol_size=30, symbol='triangle')
scatter.add_yaxis(series_name='上海', y_axis=sh, symbol_size=30, symbol='triangle')
scatter.render()
```

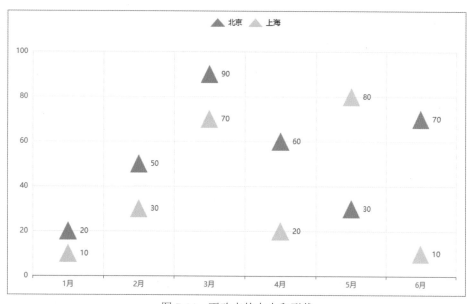

图 7-14　更改点的大小和形状

7.2.6　创建饼形图

在 Pyecharts 中创建饼形图需要使用 Pie 类。为了可以创建一个基本的饼形图，需要使用 Pie 类的 add 方法和 render 方法，并为 add 方法指定 series_name 和 data_pair 两个参数。series_name 参数表示数据系列的名称，data_pair 参数表示绘制到饼图的数据，其数据类型要求是一个内部嵌套着元组或列表的列表。下面的代码将创建如图 7-15 所示的饼形图。

```
from pyecharts.charts import Pie
month = [str(i) + '月' for i in range(1, 7)]
count = [20, 50, 90, 60, 30, 70]
data = list(zip(month, count))
pie = Pie()
pie.add(series_name='数量', data_pair=data)
pie.render()
```

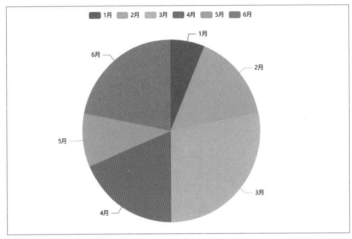

图 7-15　饼形图

7.2.7　创建圆环图

在 Pyecharts 中创建圆环图也需要使用 Pie 类，但是需要为 add 方法指定 radius 参数。该参数的值是一个包含两个元素的列表，第一个元素表示圆环的内径，第二个元素表示圆环的外径，两个元素都使用字符串类型的百分比值。下面的代码将创建如图 7-16 所示的圆环图。

```
from pyecharts.charts import Pie
month = [str(i) + '月' for i in range(1, 7)]
count = [20, 50, 90, 60, 30, 70]
data = list(zip(month, count))
pie = Pie()
pie.add(series_name='数量', data_pair=data, radius=['30%', '60%'])
pie.render()
```

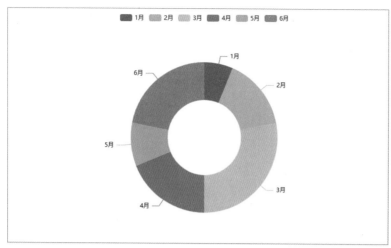

图 7-16　圆环图

7.2.8　创建箱形图

在 Pyecharts 中创建箱形图需要使用 Boxplot 类。为了可以创建一个基本的箱形图，需要使用 Boxplot 类的 add_xaxis、add_yaxis 和 render 三个方法，add_xaxis 和 render 两个方法的含义和用法请参考 Bar 类，add_yaxis 方法则与 Bar 类不同。

创建箱形图时，需要为 Boxplot 类的 add_yaxis 方法指定 series_name 和 y_axis 两个参数，series_name 参数表示数据系列的名称，y_axis 参数表示绘制箱形图的数据。不过为 y_axis 参数设置的值类型必须是一个二维列表，而且需要将这个二维列表作为参数传递给 Boxplot 类的 prepare_data 方法，将该方法的返回值设置为 y_axis 参数的值。

下面的代码将创建如图 7-17 所示的箱形图。

```
from pyecharts.charts import Boxplot
count = [[5, 7, 3, 9, 1, 11]]
box = Boxplot()
box.add_xaxis(xaxis_data=['上午'])
box.add_yaxis(series_name='数量', y_axis=box.prepare_data(count))
box.render()
```

下面的代码使用两组数据创建箱形图，每一组数据对应一个箱子，如图 7-18 所示。

```
from pyecharts.charts import Boxplot
x = ['上午', '下午']
y1 = [[5, 2, 3, 6, 8, 7]]
y2 = [[9, 6, 2, 3, 5, 1]]
count = y1 + y2
box = Boxplot()
```

```
box.add_xaxis(xaxis_data=x)
box.add_yaxis(series_name='数量', y_axis=box.prepare_data(count))
box.render()
```

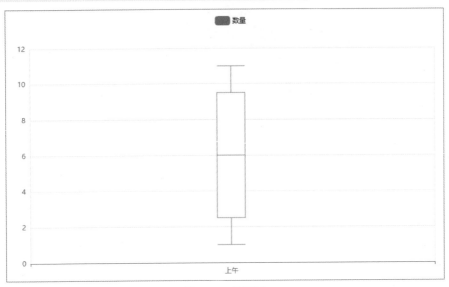

图 7-17　箱形图

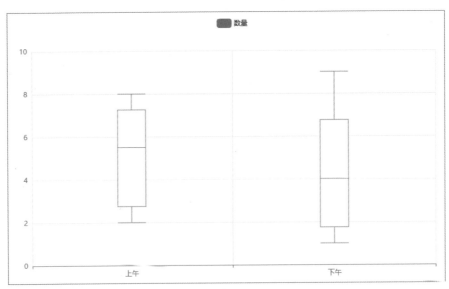

图 7-18　使用两组数据创建箱形图

7.2.9　创建漏斗图

漏斗图主要用于展示事物发展变化的趋势，在漏斗图中使用多个自上而下面积逐渐变小的形状来表示一个环节与上一个环节之间的差异。各个形状之间具有逻辑上的顺序关系,展现的是业务目标随着业务流程推进完成的情况。

在 Pyecharts 中创建漏斗图需要使用 Funnel 类。为了可以创建一个基本的漏斗图,需要使用 Funnel 类的 add 方法和 render 方法,并为 add 方法指定 series_name 和 data_pair 两个参数,其含义和用法请参考 Pie 类。下面的代码将创建如图 7-19 所示的漏斗图。

```
from pyecharts.charts import Funnel
month = [str(i) + '月' for i in range(1, 7)]
count = [20, 50, 90, 60, 30, 70]
data = list(zip(month, count))
funnel = Funnel()
funnel.add(series_name='数量', data_pair=data)
funnel.render()
```

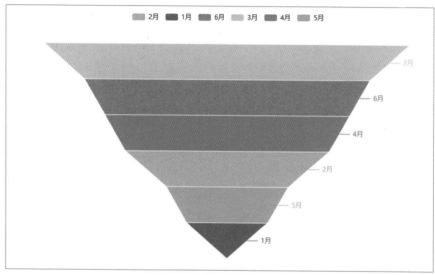

图 7-19 漏斗图

7.2.10 创建水球图

水球图主要用于展示单个百分比数据。在 Pyecharts 中创建水球图需要使用 Liquid 类。为了可以创建一个基本的水球图,需要使用 Liquid 类的 add 方法和 render 方法,并为 add 方法指定 series_name 和 data 两个参数,data 参数要求是一个列表对象。下面的代码将创建如图 7-20 所示的水球图。

```
from pyecharts.charts import Liquid
count = [0.8]
liquid = Liquid()
liquid.add(series_name='数量', data=count, shape='diamond')
```

```
liquid.render()
```

为 add 方法指定 shape 参数，可以更改水球图的形状，该参数的取值请参考表 7-1。
下面的代码将水球图的形状改为圆角矩形，如图 7-21 所示。

```
from pyecharts.charts import Liquid
count = [0.8]
liquid = Liquid()
liquid.add(series_name=' 数量 ', data=count, shape='roundRect')
liquid.render()
```

图 7-20　水球图　　　　　　图 7-21　更改水球图的形状

如需在一个水球图中创建多个水球，需要多次调用 add 方法，并为每个 add 方法指定
center 参数，该参数的值是一个包含两个元素的列表对象，两个元素是水球在 x 轴和 y 轴
位置的百分比值。下面的代码将创建如图 7-22 所示的水球图，其中包含两个水球。

```
from pyecharts.charts import Liquid
liquid = Liquid()
liquid.add(series_name=' 数量 ', data=[0.3], center=['30%', '48%'])
liquid.add(series_name=' 数量 ', data=[0.6], center=['67%', '48%'])
liquid.render()
```

图 7-22　包含两个水球的水球图

7.2.11　创建词云图

词云图主要用于展示每个词出现频率的高低，出现频率越高的词，其字体越大。在
Pyecharts 中创建漏斗图需要使用 WordCloud 类。为了可以创建一个基本的漏斗图，需要
使用 WordCloud 类的 add 方法和 render 方法，并为 add 方法指定 series_name 和 data_pair
两个参数，其含义和用法请参考 Pie 类。下面的代码将创建如图 7-23 所示的词云图。

```
from pyecharts.charts import WordCloud
month = [str(i) + ' 月 ' for i in range(1, 7)]
count = [20, 50, 90, 60, 30, 70]
```

```
data = list(zip(month, count))
wordcloud = WordCloud()
wordcloud.add(series_name=' 数量 ', data_pair=data)
wordcloud.render()
```

图 7-23　词云图

7.3　设置在图表中显示的元素及其格式

7.2 节介绍的是创建不同类型图表的基本方法，如需更改图表的外观、设置图表元素的格式，需要使用本节介绍的方法。所有的设置分为全局和系列两类，全局是指作用于所有图表，系列是指作用于图表中数据系列的特定部分。

7.3.1　基本设置方法

无论设置的是图表的哪个部分、哪类元素，都需要使用 Pyecharts 中的 options 模块进行设置。每一个图表类都有 set_global_opts 和 set_series_opts 两个方法，使用 set_global_opts 方法进行全局设置，使用 set_series_opts 方法进行系列设置。这两个方法包含的各个参数用于设置不同的选项，参数的值由 options 模块中的对象提供。

为了在程序中使用 options 模块中的功能，需要使用 import 语句导入该模块，通常将其别名设置为 opts。

```
import pyecharts.options as opts
```

设置图表选项的一般格式如下：

```
图表对象 .set_global_opts( 参数 =opts.options 模块中的对象 ( 参数 = 设置值 ))
图表对象 .set_series_opts( 参数 =opts.options 模块中的对象 ( 参数 = 设置值 ))
```

7.3.2　设置初始化选项

初始化选项主要用于设置图表的大小、主题风格和动画效果等。需要注意的是，设置初始化选项的语法格式与 7.3.1 小节介绍的略有不同，此时需要直接在使用图表类创建图表对象时进行设置，而不是使用 set_global_opts 或 set_series_opts 方法。

无论哪类图表，设置初始化选项都使用 init_opts 参数，该参数的值由 options 模块中的 InitOpts 对象提供，该对象的常用参数如表 7-2 所示。

表 7-2　InitOpts 对象的常用参数

参　　数	说　　明
width	图表画布的宽度，单位是像素
height	图表画布的高度，单位是像素
bg_color	图表的背景色，值为表示颜色的关键字（例如 black）或十六进制的 RGB 值（例如 #116688）
theme	图表的主题，参见表 7-3

下面的代码将图表所在画布的宽度设置为 500 像素，将高度设置为 300 像素，如图 7-24 所示。

```
import pyecharts.options as opts
from pyecharts.charts import Bar
month = list(range(1, 7))
count = [20, 50, 90, 60, 30, 70]
bar = Bar(init_opts=opts.InitOpts(width='500px', height='300px'))
bar.add_xaxis(xaxis_data=month)
bar.add_yaxis(series_name=' 数量 ', y_axis=count)
bar.render()
```

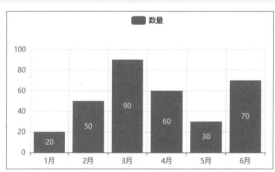

图 7-24　设置图表所在画布的大小

设置图表主题的操作稍微复杂一点，因为需要使用 import 语句导入 Pyecharts 的 globals 模块中的 ThemeType 类。下面的代码将图表的主题设置为 DARK，如图 7-25 所示。

```
import pyecharts.options as opts
from pyecharts.globals import ThemeType
from pyecharts.charts import Bar
month = list(range(1, 7))
count = [20, 50, 90, 60, 30, 70]
```

```
bar = Bar(init_opts=opts.InitOpts(theme=ThemeType.DARK))
bar.add_xaxis(xaxis_data=month)
bar.add_yaxis(series_name=' 数量 ', y_axis=count)
bar.render()
```

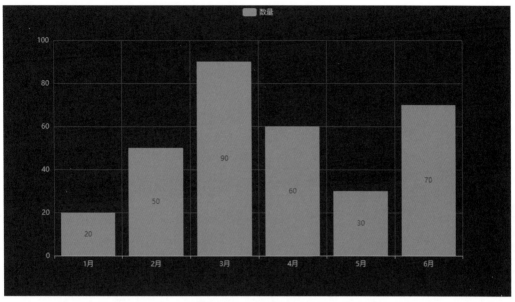

图 7-25　设置图表主题

Pyecharts 中的 15 种主题的名称如表 7-3 所示。在代码中输入这些名称时，所有英文字母都必须大写。

表 7-3　Pyecharts 中的 15 种主题

主题名称	主题名称	主题名称
WHITE（默认）	INFOGRAPHIC	SHINE
LIGHT	MACARONS	VINTAGE
DARK	PURPLE_PASSION	WALDEN
CHALK	ROMA	WESTEROS
ESSOS	ROMANTIC	WONDERLAND

7.3.3　设置图表标题

设置图表标题需要使用 set_global_opts 方法的 title_opts 参数，该参数的值由 options 模块中的 TitleOpts 对象提供，该对象的常用参数如表 7-4 所示。

表 7-4　TitleOpts 对象的常用参数

参　　数	说　　明
is_show	设置是否显示标题，值为 True 或 False
title	图表的主标题，值为字符串
subtitle	图表的副标题，值为字符串
pos_left	图表标题与图表画布左边界的间距，值为 left、center 或 right，或者是数字或百分比值
pos_right	图表标题与图表画布右边界的间距，值为数字或百分比值
pos_top	图表标题与图表画布顶部的间距，值为 top、middle 或 bottom，或者是数字或百分比值
pos_bottom	图表标题与图表画布底部的间距，值为数字或百分比值
item_gap	主标题与副标题的间距，值为数字

下面的代码将为图表添加主标题和副标题，两个标题默认显示在图表的左上角，如图 7-26 所示。

```python
import pyecharts.options as opts
from pyecharts.charts import Bar
month = [str(i) + '月' for i in range(1, 7)]
count = [20, 50, 90, 60, 30, 70]
bar = Bar()
title = opts.TitleOpts(title='图表主标题', subtitle='图表副标题')
bar.add_xaxis(xaxis_data=month)
bar.add_yaxis(series_name='数量', y_axis=count)
bar.set_global_opts(title_opts=title)
bar.render()
```

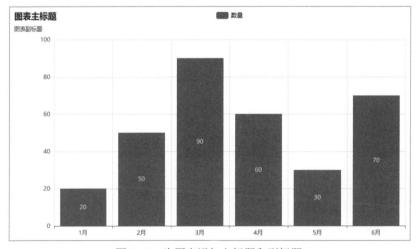

图 7-26　为图表添加主标题和副标题

下面的代码将主标题和副标题放置到图表的最右侧，此时将 pos_right 参数设置为 0，表示右对齐，如图 7-27 所示。

```python
import pyecharts.options as opts
from pyecharts.charts import Bar
month = [str(i) + '月' for i in range(1, 7)]
count = [20, 50, 90, 60, 30, 70]
bar = Bar()
title = opts.TitleOpts(title='图表主标题', subtitle='图表副标题', pos_right=0)
bar.add_xaxis(xaxis_data=month)
bar.add_yaxis(series_name='数量', y_axis=count)
bar.set_global_opts(title_opts=title)
bar.render()
```

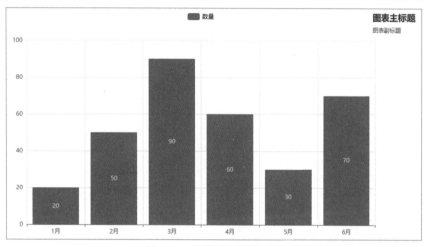

图 7-27　将图表标题右对齐

7.3.4　设置图例

设置图例需要使用 set_global_opts 方法的 legend_opts 参数，该参数的值由 options 模块中的 LegendOpts 对象提供，该对象的常用参数如表 7-5 所示。

表 7-5　LegendOpts 对象的常用参数

参　　数	说　　明
is_show	设置是否显示图例，值为 True 或 False
pos_left	图例与图表画布左边界的间距，值为 left、center 或 right，或者是数字或百分比值
pos_right	图例与图表画布右边界的间距，值为数字或百分比值
pos_top	图例与图表画布顶部的间距，值为 top、middle 或 bottom，或者是数字或百分比值

参　数	说　明
pos_bottom	图例与图表画布底部的间距，值为数字或百分比值
orient	图例项的排列方向，值为 horizontal 或 vertical
item_gap	图例项的间距，值为数字

下面的代码将图例显示在图表左侧居中的位置，并将图例项纵向排列，如图 7-28 所示。

```
import pyecharts.options as opts
from pyecharts.charts import Bar
month = [str(i) + '月' for i in range(1, 7)]
bj = [20, 50, 90, 60, 30, 70]
sh = [10, 30, 70, 20, 80, 10]
bar = Bar()
legend = opts.LegendOpts(pos_left=0, pos_top='middle', orient='vertical')
bar.add_xaxis(xaxis_data=month)
bar.add_yaxis(series_name='北京', y_axis=bj)
bar.add_yaxis(series_name='上海', y_axis=sh)
bar.set_global_opts(legend_opts=legend)
bar.render()
```

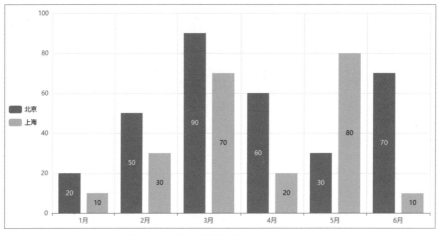

图 7-28　设置图例的位置和排列方向

更改图例的位置后，就可以将图表标题显示在顶部居中的位置了，这样可以避免标题和图例重叠在一起。下面的代码在上一个示例的基础上，将图表标题在图表上方居中对齐，如图 7-29 所示。

```
import pyecharts.options as opts
from pyecharts.charts import Bar
month = [str(i) + '月' for i in range(1, 7)]
bj = [20, 50, 90, 60, 30, 70]
```

```
sh = [10, 30, 70, 20, 80, 10]
bar = Bar()
title = opts.TitleOpts(title=' 图表主标题 ', pos_left='center')
legend = opts.LegendOpts(pos_left=0, pos_top='middle', orient='vertical')
bar.add_xaxis(xaxis_data=month)
bar.add_yaxis(series_name=' 北京 ', y_axis=bj)
bar.add_yaxis(series_name=' 上海 ', y_axis=sh)
bar.set_global_opts(title_opts=title, legend_opts=legend)
bar.render()
```

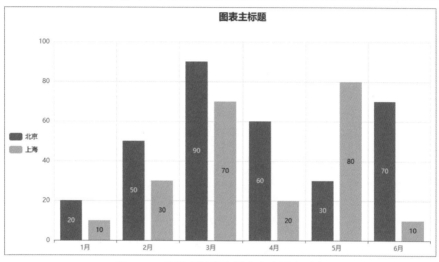

图 7-29　将图表标题在图表上方居中对齐

7.3.5　设置坐标轴

　　设置坐标轴需要使用 set_global_opts 方法的 xaxis_opts 和 yaxis_opts 两个参数，它们分别用于设置 x 轴和 y 轴。两个参数的值由 options 模块中的 AxisOpts 对象提供，该对象的常用参数如表 7-6 所示。

表 7-6　AxisOpts 对象的常用参数

参　　数	说　　明
is_show	是否显示 x 轴，值为 True 或 False
name	坐标轴的名称，值为字符串
name_location	坐标轴名称的位置，值为 start、middle、center 或 end
name_gap	坐标轴名称与轴线的间距，值为数字
name_rotate	坐标轴名称旋转的角度，值为数字

续表

参　　数	说　　明
position	x 轴的位置，值为 top 或 bottom
is_inverse	是否反向坐标轴，值为 True 或 False

下面的代码将 x 轴的标题设置为"月份"，将 y 轴的标题设置为"数量"，将两个坐标轴的标题设置为居中对齐，并将它们与坐标轴轴线的间距设置为 30，如图 7-30 所示。

```python
import pyecharts.options as opts
from pyecharts.charts import Bar
month = [str(i) + '月' for i in range(1, 7)]
bj = [20, 50, 90, 60, 30, 70]
sh = [10, 30, 70, 20, 80, 10]
bar = Bar()
xaxis = opts.AxisOpts(name='月份', name_location='center', name_gap=30)
yaxis = opts.AxisOpts(name='数量', name_location='center', name_gap=30)
bar.add_xaxis(xaxis_data=month)
bar.add_yaxis(series_name='北京', y_axis=bj)
bar.add_yaxis(series_name='上海', y_axis=sh)
bar.set_global_opts(xaxis_opts=xaxis, yaxis_opts=yaxis)
bar.render()
```

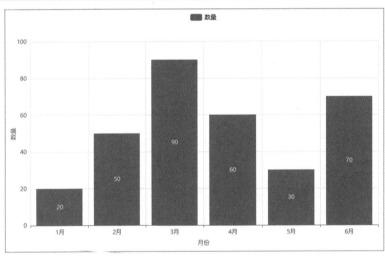

图 7-30　设置坐标轴的标题和位置

7.3.6　设置线条

设置线条需要使用 set_series_opts 方法的 linestyle_opts 参数，该参数的值由 options 模块中的 LineStyleOpts 对象提供，该对象的常用参数如表 7-7 所示。

表 7-7　LineStyleOpts 对象的常用参数

参　　数	说　　明
is_show	是否显示线条，值为 True 或 False
type_	线条的类型，值为 solid、dashed 或 dotted
width	线条的宽度，值为数字
color	线条的颜色，使用 RGB 或 RGBA 表示

下面的代码将折线图中的折线的线型设置为虚线，将线宽设置为 6 个像素，如图 7-31 所示。

```
import pyecharts.options as opts
from pyecharts.charts import Line
month = [str(i) + '月' for i in range(1, 7)]
count = [20, 50, 90, 60, 30, 70]
line = Line()
linestyle = opts.LineStyleOpts(type_='dashed', width=6)
line.add_xaxis(xaxis_data=month)
line.add_yaxis(series_name='数量', y_axis=count)
line.set_series_opts(linestyle_opts=linestyle)
line.render()
```

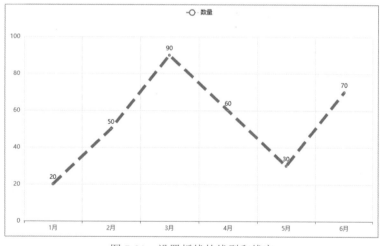

图 7-31　设置折线的线型和线宽

7.3.7　设置标签

设置标签需要使用 set_series_opts 方法的 label_opts 参数，该参数的值由 options 模块中的 LabelOpts 对象提供，该对象的常用参数如表 7-8 所示。

表 7-8　LabelOpts 对象的常用参数

参　　数	说　　　明
is_show	是否显示标签，值为 True 或 False
position	标签的位置，值为 top、left、right、bottom、inside、insideLeft、insideRight、insideTop、insideBottom、insideTopLeft、insideBottomLeft、insideTopRight 或 insideBottomRight
font_family	标签的字体，值为表示字体名称的字符串
font_size	标签的字号，值为数字

下面的代码将标签显示在数据点的右侧，并将标签的字号设置为 20，如图 7-32 所示。

```python
import pyecharts.options as opts
from pyecharts.charts import Line
month = [str(i) + '月' for i in range(1, 7)]
count = [20, 50, 90, 60, 30, 70]
line = Line()
label = opts.LabelOpts(position='right', font_size=20)
line.add_xaxis(xaxis_data=month)
line.add_yaxis(series_name='数量', y_axis=count)
line.set_series_opts(label_opts=label)
line.render()
```

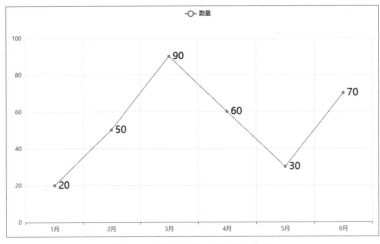

图 7-32　设置标签的位置和字号

7.3.8　设置提示框

提示框是将鼠标指针移动到图表中的数据点上时，显示的数据信息。如图 7-33 所示是将鼠标指针移动到柱形图的某个柱形上时显示的信息，此处显示的是当前柱形所属的数据系列的名称，以及该柱形对应的数据点在 x 轴和 y 轴上的值，x 轴的值为 3，y 轴的值为 90。

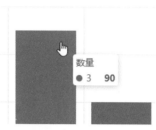

图 7-33　提示框

设置提示框需要使用 set_global_opts 方法的 tooltip_opts 参数，该参数的值由 options 模块中的 TooltipOpts 对象提供，该对象的常用参数如表 7-9 所示。

表 7-9　TooltipOpts 对象的常用参数

参　　数	说　　明
is_show	是否显示提示框，值为 True 或 False
trigger	提示框的触发类型，值为 item（鼠标指针指向线条或形状时触发）、axis（鼠标指针指向坐标轴时触发）或 none（不触发）
trigger_on	提示框的触发条件，值为 mousemove（鼠标指针指向时）、click（鼠标单击时）、mousemove|click（指向或单击时）、none（不在指向或单击时触发）
is_always_show_content	是否一直显示提示框，值为 True 或 False

下面的代码将在触发一个柱形的提示框后，即使鼠标指针已经离开该柱形，也会使该提示框一直处于显示状态，如图 7-34 所示。

```
import pyecharts.options as opts
from pyecharts.charts import Bar
month = list(range(1, 7))
count = [20, 50, 90, 60, 30, 70]
bar = Bar()
tooltip = opts.TooltipOpts(is_always_show_content=True)
bar.add_xaxis(xaxis_data=month)
bar.add_yaxis(series_name=' 数量 ', y_axis=count)
bar.set_global_opts(tooltip_opts=tooltip)
bar.render()
```

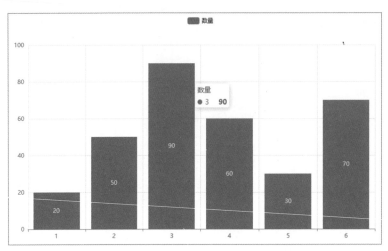

图 7-34　使已触发的提示框一直处于显示状态

下面的代码将触发提示框的方式改为单击时，运行代码后，只有在单击柱形时，才会显示提示框。

```
import pyecharts.options as opts
from pyecharts.charts import Bar
month = list(range(1, 7))
count = [20, 50, 90, 60, 30, 70]
bar = Bar()
tooltip = opts.TooltipOpts(trigger_on='click')
bar.add_xaxis(xaxis_data=month)
bar.add_yaxis(series_name='数量', y_axis=count)
bar.set_global_opts(tooltip_opts=tooltip)
bar.render()
```

第 8 章 ◀◀◀

数据可视化项目实战

本章将介绍分别使用 Matplotlib、Seaborn 和 Pyecharts 三个可视化工具完成同一个案例的方法，以便对比它们操作过程的异同。本章案例使用的数据来自于 Excel 文件，3 个可视化工具都使用 Pandas 中的 read_excel 函数读取 Excel 文件中的数据。无论使用哪种工具，它们之间的主要区别集中在两个方面：代码编写的难易度和图表展示的美观度。

8.1 本章案例使用的数据

本章案例使用的 Excel 文件名为"销售数据 .xlsx"，假设该 Excel 文件位于以下路径中：

```
E:\ 测试数据 \Python
```

"销售数据 .xlsx"文件中包含的数据如图 8-1 所示，第 1 列的标题是"日期"，其中包含 1 ～ 12 月的月份名称，第 2 ～ 4 列是"北京""天津"和"上海"3 个地区的销量，每列的标题以地区命名。

	A	B	C	D
1	日期	北京	天津	上海
2	1月	160	580	860
3	2月	450	160	670
4	3月	240	150	690
5	4月	830	770	110
6	5月	330	280	310
7	6月	660	210	160
8	7月	750	400	260
9	8月	390	670	590
10	9月	750	350	370
11	10月	570	890	150
12	11月	420	210	110
13	12月	820	820	500

图 8-1 Excel 文件中的数据

本章将分别使用 Matplotlib、Seaborn 和 Pyecharts 三个可视化工具为该数据创建折线图。

8.2　Matplotlib 数据可视化项目实战

8.2.1　导入必要的库和 Excel 数据

本例需要使用以下几个库和模块，需要在程序的开头使用 import 语句导入它们。

```
import matplotlib as mpl
import matplotlib.pyplot as plt
import pandas as pd
```

使用 Pandas 中的 read_excel 函数读取 Excel 文件中的数据，然后才能为其创建图表。下面的代码将使用 read_excel 函数读取"销售数据 .xlsx"文件中的所有数据，并将其保存到 data 变量中，该函数返回的是 Pandas 中的 DataFrame 对象。

```
data = pd.read_excel('E:\\ 测试数据 \\Python\\ 销售数据 .xlsx')
```

为了使用读取后的数据创建图表，在 Matplotlib 中需要将 DataFrame 数据类型转换为 Series、一维数组或列表等对象类型。由于本例数据的每一列都有标题，所以可以直接使用 DataFrame[标题] 这种格式引用指定列中的数据。下面的代码分别将读取后的数据中的每一列保存到不同的变量中。

```
month = data[' 日期 ']
bj = data[' 北京 ']
tj = data[' 天津 ']
sh = data[' 上海 ']
```

8.2.2　创建折线图

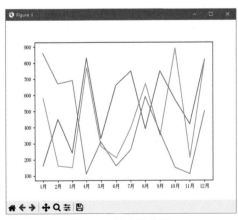

图 8-2　创建折线图

下面的代码使用 Matplotlib 的 pyplot 模块中的 plot 函数创建折线图，如图 8-2 所示。

```
plt.plot(x=month, y=bj)
plt.plot(x=month, y=tj)
plt.plot(x=month, y=sh)
```

8.2.3　添加坐标轴标题

下面的代码使用 pyplot 模块中的 xlabel 和 ylabel 函数，为 x 轴添加标题"月份"，为 y 轴添加标题"销量"，如图 8-3 所示。

```
plt.xlabel('月份')
plt.ylabel('销量')
```

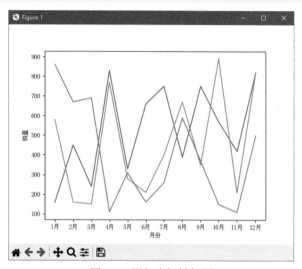

图 8-3　添加坐标轴标题

为了在 Matplotlib 中正常显示中文，需要添加以下两行代码，此处将中文显示为宋体。

```
mpl.rcParams['font.sans-serif'] = 'SimSun'
```

8.2.4　添加图表标题和图例

下面的代码使用 pyplot 模块中的 title 函数为图表添加标题，并将字号设置为 20，如图 8-4 所示。

```
plt.title('各个地区的销售趋势分析', fontsize=20)
```

为了显示图例，需要在创建每条折线时，使用 label 参数为每一组数据创建标签，所以需要修改 3 个 plot 函数的代码。

```
plt.plot(month, bj, label='北京')
plt.plot(month, tj, label='天津')
plt.plot(month, sh, label='上海')
```

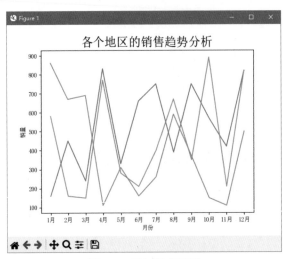

图 8-4　添加图表标题

然后使用 pyplot 模块中的 legend 函数在图表中显示图例，将该函数的 ncols 参数的值设置为 3，以便将 3 个图例项横向显示，如图 8-5 所示。

```
plt.legend(ncols=3)
```

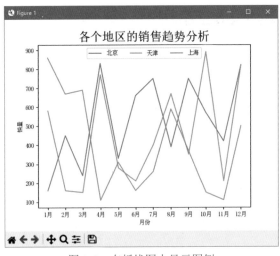

图 8-5　在折线图中显示图例

8.2.5　将 3 条折线设置为不同的线型

为了设置折线的线型，需要为 plot 函数指定 linestyle 参数，下面的代码将 3 条折线的线型分别设置为实线、虚线和点线，如图 8-6 所示。

```
plt.plot(month, bj, label=' 北京 ', linestyle='solid')
```

```
plt.plot(month, tj, label=' 天津 ', linestyle='dashed')
plt.plot(month, sh, label=' 上海 ', linestyle='dotted')
```

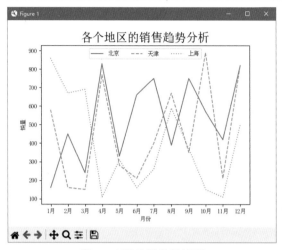

图 8-6　更改折线的线型

8.2.6　清晰显示折线上的数据点

为了清晰显示折线上的数据点，需要为 plot 函数指定 marker 和 markersize 两个参数，前者设置数据点的形状，后者设置数据点的大小。下面的代码将 3 条折线的数据点的形状分别设置为圆圈、三角形和菱形，所有点的大小都为 5 个像素，如图 8-7 所示。

```
plt.plot(month, bj, label=' 北京 ', linestyle='solid', marker='o', markersize=5)
plt.plot(month, tj, label=' 天津 ', linestyle='dashed', marker='^', markersize=5)
plt.plot(month, sh, label=' 上海 ', linestyle='dotted', marker='D', markersize=5)
```

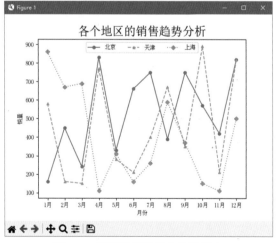

图 8-7　清晰显示折线上的数据点

8.2.7 完整的示例代码

本例的完整代码如下，制作完成的折线图如图 8-8 所示。

```
import matplotlib as mpl
import matplotlib.pyplot as plt
import pandas as pd
mpl.rcParams['font.sans-serif'] = 'SimSun'
data = pd.read_excel('E:\\测试数据 \\Python\\ 销售数据 .xlsx')
month = data[' 日期 ']
bj = data[' 北京 ']
tj = data[' 天津 ']
sh = data[' 上海 ']
plt.plot(month, bj, label=' 北京 ', linestyle='solid', marker='o', markersize=5)
plt.plot(month, tj, label=' 天津 ', linestyle='dashed', marker='^', markersize=5)
plt.plot(month, sh, label=' 上海 ', linestyle='dotted', marker='D', markersize=5)
plt.xlabel(' 月份 ')
plt.ylabel(' 销量 ')
plt.title(' 各个地区的销售趋势分析 ', fontsize=20)
plt.legend(ncols=3)
plt.show()
```

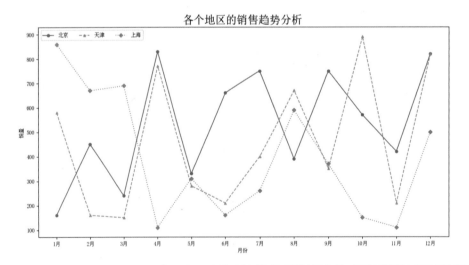

图 8-8　使用 Matplotlib 制作完成的折线图

8.3　Seaborn 数据可视化项目实战

8.3.1　导入必要的库和 Excel 数据

本例需要使用以下几个库和模块，需要在程序的开头使用 import 语句导入它们。

```
import matplotlib.pyplot as plt
import seaborn as sns
import pandas as pd
```

与 8.2.1 小节中的方法相同，使用 Pandas 中的 read_excel 函数读取"销售数据 .xlsx"
文件中的数据。由于 Seaborn 中的绘图函数可以直接使用 Pandas 中的 DataFrame 数据类
型，所以无须将其单独转成单列数据。

```
data = pd.read_excel('E:\\ 测试数据 \\Python\\ 销售数据 .xlsx')
```

8.3.2　创建折线图

下面的代码是使用 Seaborn 中的 lineplot 函数创建折线图，如图 8-9 所示。

```
sns.lineplot(data, x=' 日期 ', y=' 北京 ')
sns.lineplot(data, x=' 日期 ', y=' 天津 ')
sns.lineplot(data, x=' 日期 ', y=' 上海 ')
```

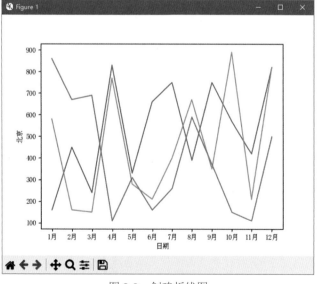

图 8-9　创建折线图

8.3.3　添加坐标轴标题

下面的代码使用 Matplotlib 的 pyplot 模块中的 xlabel 和 ylabel 函数，为 x 轴添加标题"月份"，为 y 轴添加标题"销量"，如图 8-10 所示。

```
plt.xlabel(' 月份 ')
plt.ylabel(' 销量 ')
```

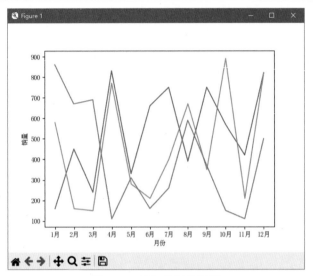

图 8-10　添加坐标轴标题

为了在 Seaborn 中正常显示中文，需要添加以下代码，此处将中文显示为宋体。

```
sns.set_style({'font.sans-serif': 'SimSun'})
```

8.3.4　添加图表标题和图例

下面的代码是使用 pyplot 模块中的 title 函数为图表添加标题，并将字号设置为 20，如图 8-11 所示。

```
plt.title(' 各个地区的销售趋势分析 ', fontsize=20)
```

在 Seaborn 中设置图例需要使用 Matplotlib 中的 legend 函数，为了能够显示图例，需要在 lineplot 函数中指定 label 参数，以便为数据添加标签。下面的代码将在折线图中显示图例，并将图例中的 3 项横向排列，如图 8-12 所示。

```
sns.lineplot(data, x=' 日期 ', y=' 北京 ', label=' 北京 ')
sns.lineplot(data, x=' 日期 ', y=' 天津 ', label=' 天津 ')
sns.lineplot(data, x=' 日期 ', y=' 上海 ', label=' 上海 ')
plt.legend(ncols=3)
```

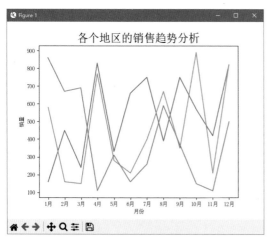
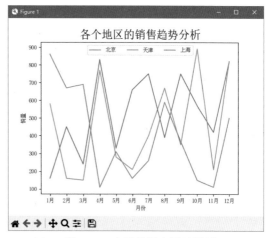

图 8-11　添加图表标题　　　　　　　　　　图 8-12　在折线图中显示图例

8.3.5　将 3 条折线设置为不同的线型

为了设置折线的线型，需要为 lineplot 函数指定 linestyle 参数，在 Seaborn 中为该参数设置的值只能是符号，不能是英文。下面的代码将 3 条折线的线型分别设置为实线、虚线和点线，如图 8-13 所示。

```
sns.lineplot(data, x=' 日期 ', y=' 北京 ', label=' 北京 ', linestyle='-')
sns.lineplot(data, x=' 日期 ', y=' 天津 ', label=' 天津 ', linestyle='--')
sns.lineplot(data, x=' 日期 ', y=' 上海 ', label=' 上海 ', linestyle=':')
```

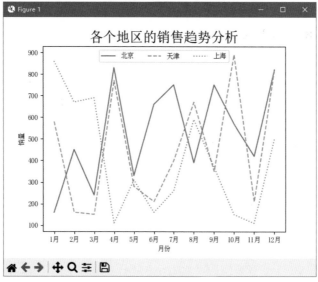

图 8-13　更改折线的线型

8.3.6 清晰显示折线上的数据点

为了清晰显示折线上的数据点，需要为 lineplot 函数指定 marker 和 markersize 两个参数，前者设置数据点的形状，后者设置数据点的大小。下面的代码将 3 条折线的数据点的形状分别设置为圆圈、三角形和菱形，所有点的大小都为 5 个像素，如图 8-14 所示。

```
    sns.lineplot(data, x=' 日期 ', y=' 北京 ', label=' 北京 ', linestyle='-', marker='o',
markersize=5)
    sns.lineplot(data, x=' 日期 ', y=' 天津 ', label=' 天津 ', linestyle='--', marker='^',
markersize=5)
    sns.lineplot(data, x=' 日期 ', y=' 上海 ', label=' 上海 ', linestyle=':', marker='D',
markersize=5)
```

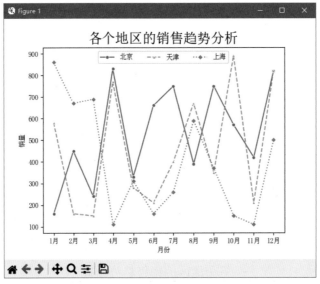

图 8-14　清晰显示折线上的数据点

8.3.7 完整的示例代码

本例的完整代码如下，制作完成的折线图如图 8-15 所示。

```
import matplotlib.pyplot as plt
import seaborn as sns
import pandas as pd
sns.set_style({'font.sans-serif': 'SimSun'})
data = pd.read_excel('E:\\ 测试数据 \\Python\\ 销售数据 .xlsx')
    sns.lineplot(data, x=' 日期 ', y=' 北京 ', label=' 北京 ', linestyle='-', marker='o',
markersize=5)
```

```
    sns.lineplot(data, x='日期', y='天津', label='天津', linestyle='--', marker='^',
markersize=5)
    sns.lineplot(data, x='日期', y='上海', label='上海', linestyle=':', marker='D',
markersize=5)
    plt.xlabel('月份')
    plt.ylabel('销量')
    plt.title('各个地区的销售趋势分析', fontsize=20)
    plt.legend(ncols=3)
    plt.show()
```

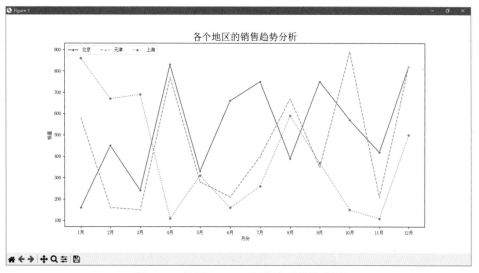

图 8-15　使用 Seaborn 制作完成的折线图

8.4　Pyecharts 数据可视化项目实战

8.4.1　导入必要的库和 Excel 数据

本例需要使用以下几个库和模块，需要在程序的开头使用 import 语句导入它们。

```
from pyecharts.charts import Line
import pyecharts.options as opts
import pandas as pd
```

本例仍然使用 Pandas 中的 read_excel 函数读取 "销售数据 .xlsx" 文件中的数据，但是由于 Pyecharts 中的绘图函数需要使用列表对象类型的数据，所以需要分别获取单列数据，并使用 Python 中的 list 函数将各列数据转换为列表对象。

```
data = pd.read_excel('E:\\ 测试数据 \\Python\\ 销售数据 .xlsx')
month = list(data[' 日期 '])
bj = list(data[' 北京 '])
tj = list(data[' 天津 '])
sh = list(data[' 上海 '])
```

8.4.2　创建折线图

下面的代码使用 Seaborn 中的 Line 类，以及该类的 add_xaxis、add_yaxis 和 render 三个方法来创建折线图，如图 8-16 所示。

```
line = Line()
line.add_xaxis(xaxis_data=month)
line.add_yaxis(series_name=' 北京 ', y_axis=bj)
line.add_yaxis(series_name=' 天津 ', y_axis=tj)
line.add_yaxis(series_name=' 上海 ', y_axis=sh)
line.render()
```

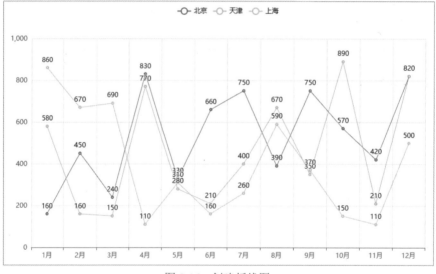

图 8-16　创建折线图

8.4.3　添加坐标轴标题

下面的代码使用 set_global_opts 方法的 xaxis_opts 和 yaxis_opts 两个参数，为 x 轴和 y 轴添加标题，并将它们与坐标轴轴线的间距设置为 30，如图 8-17 所示。

```
xaxis = opts.AxisOpts(name=' 月份 ', name_location='center', name_gap=30)
```

```
yaxis = opts.AxisOpts(name=' 销量 ', name_location='center', name_gap=30)
line.set_global_opts(xaxis_opts=xaxis, yaxis_opts=yaxis)
```

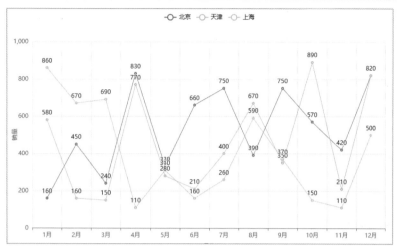

图 8-17　添加坐标轴标题

8.4.4　添加图表标题和图例

使用 Pyecharts 创建的折线图会自动显示图例，所以无须手动添加。只需添加图表标题 即可。下面的代码使用 set_global_opts 方法的 title_opts 参数为折线图添加图表标题，并将字号设置为 20，如图 8-18 所示。

```
textstyle = opts.TextStyleOpts(font_size=20)
title = opts.TitleOpts(title=' 各个地区的销售趋势分析 ', title_textstyle_opts=textstyle)
line.set_global_opts(title-opts=title)
```

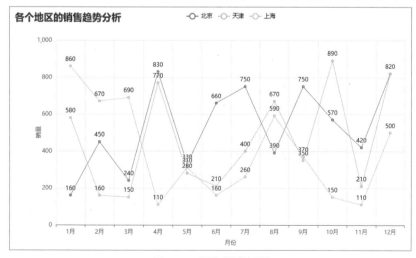

图 8-18　添加图表标题

211

8.4.5 将 3 条折线设置为不同的线型

下面的代码使用 linestyle_opts 参数设置折线的线型，如图 8-19 所示。为了让每条折线具有不同的线型，此处不能使用 set_series_opts 方法设置，而是将 linestyle_opts 参数指定给 Line 类实例化的 line 对象，以便在每次绘制折线时直接为其设置线型。

```
linestyle1 = opts.LineStyleOpts(type_='solid')
linestyle2 = opts.LineStyleOpts(type_='dashed')
linestyle3 = opts.LineStyleOpts(type_='dotted')
line.add_xaxis(xaxis_data=month)
line.add_yaxis(series_name='北京', y_axis=bj, linestyle_opts=linestyle1)
line.add_yaxis(series_name='天津', y_axis=tj, linestyle_opts=linestyle2)
line.add_yaxis(series_name='上海', y_axis=sh, linestyle_opts=linestyle3)
```

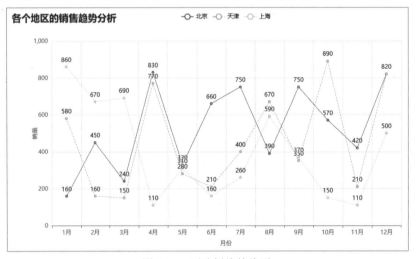

图 8-19　更改折线的线型

8.4.6 清晰显示折线上的数据点

为了清晰显示折线上的数据点，需要在绘制折线时指定 symbol 和 symbol_size 两个参数，前者设置数据点的形状，后者设置数据点的大小。下面的代码将 3 条折线的数据点的形状分别设置为圆圈、三角形和菱形，所有点的大小都为 5 像素，如图 8-20 所示。

```
    line.add_yaxis(series_name='北 京', y_axis=bj, linestyle_opts=linestyle1,
symbol='circle', symbol_size=5)
    line.add_yaxis(series_name='天 津', y_axis=tj, linestyle_opts=linestyle2,
symbol='triangle', symbol_size=5)
    line.add_yaxis(series_name='上 海', y_axis=sh, linestyle_opts=linestyle3,
symbol='diamond', symbol_size=5)
```

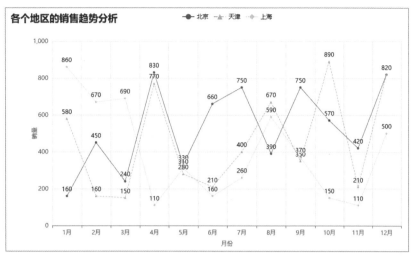

图 8-20　清晰显示折线上的数据点

最后，需要隐藏自动显示的数据点的标签，代码如下：

```
label = opts.LabelOpts(is_show=False)
line.set_series_opts(label_opts=label)
```

8.4.7　完整的示例代码

本例的完整代码如下，制作完成的折线图如图 8-21 所示。

```
from pyecharts.charts import Line
import pyecharts.options as opts
import pandas as pd
data = pd.read_excel('E:\\ 测试数据 \\Python\\ 销售数据 .xlsx')
month = list(data[' 日期 '])
bj = list(data[' 北京 '])
tj = list(data[' 天津 '])
sh = list(data[' 上海 '])
line = Line()
xaxis = opts.AxisOpts(name=' 月份 ', name_location='center', name_gap=30)
yaxis = opts.AxisOpts(name=' 销量 ', name_location='center', name_gap=30)
textstyle = opts.TextStyleOpts(font_size=20)
title = opts.TitleOpts(title=' 各个地区的销售趋势分析 ', title_textstyle_opts=textstyle)
linestyle1 = opts.LineStyleOpts(type_='solid')
linestyle2 = opts.LineStyleOpts(type_='dashed')
linestyle3 = opts.LineStyleOpts(type_='dotted')
label = opts.LabelOpts(is_show=False)
line.add_xaxis(xaxis_data=month)
```

```
    line.add_yaxis(series_name='北京', y_axis=bj, linestyle_opts=linestyle1,
symbol='circle', symbol_size=5)
    line.add_yaxis(series_name='天津', y_axis=tj, linestyle_opts=linestyle2,
symbol='triangle', symbol_size=5)
    line.add_yaxis(series_name='上海', y_axis=sh, linestyle_opts=linestyle3,
symbol='diamond', symbol_size=5)
    line.set_global_opts(xaxis_opts=xaxis, yaxis_opts=yaxis)
    line.set_global_opts(title_opts=title)
    line.set_series_opts(label_opts=label)
    line.render()
```

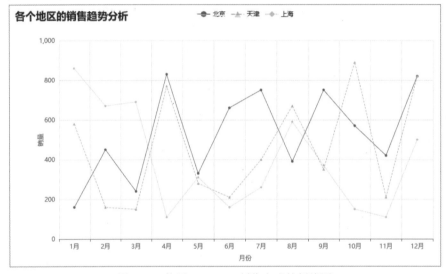

图 8-21　使用 Pyecharts 制作完成的折线图